国家社科基金
后期资助项目
GUOJIA SHEKE JIJIN HOUQI ZIZHU XIANGMU

高被引科学家职业迁移
与集聚现象研究

邓侨侨 著

中国教育出版传媒集团
高等教育出版社·北京

图书在版编目（ＣＩＰ）数据

高被引科学家职业迁移与集聚现象研究 / 邓侨侨著
. -- 北京 : 高等教育出版社，2024.7
ISBN 978-7-04-061105-2

Ⅰ. ①高… Ⅱ. ①邓… Ⅲ. ①科学家-人才流动-研
究 Ⅳ. ①G316

中国国家版本馆CIP数据核字(2023)第161700号

高被引科学家职业迁移与集聚现象研究
GAOBEIYIN KEXUEJIA ZHIYE QIANYI YU JIJU XIANXIANG YANJIU

| 策划编辑 | 张 召 | 责任编辑 | 冯晓川 | 封面设计 | 李小璐 | 版式设计 | 马 云 |
| 责任绘图 | 黄云燕 | 责任校对 | 王 雨 | 责任印制 | 耿 轩 | | |

出版发行	高等教育出版社	网　　址	http://www.hep.edu.cn
社　　址	北京市西城区德外大街 4 号		http://www.hep.com.cn
邮政编码	100120	网上订购	http://www.hepmall.com.cn
印　　刷	河北信瑞彩印刷有限公司		http://www.hepmall.com
开　　本	787 mm×1092 mm　1/16		http://www.hepmall.cn
印　　张	11.75		
字　　数	200 千字	版　　次	2024 年 7 月第 1 版
购书热线	010-58581118	印　　次	2024 年 7 月第 1 次印刷
咨询电话	400-810-0598	定　　价	40.00 元

国家社科基金后期资助项目
出版说明

后期资助项目是国家社科基金设立的一类重要项目，旨在鼓励广大社科研究者潜心治学，支持基础研究多出优秀成果。它是经过严格评审，从接近完成的科研成果中遴选立项的。为扩大后期资助项目的影响，更好地推动学术发展，促进成果转化，全国哲学社会科学工作办公室按照"统一设计、统一标识、统一版式、形成系列"的总体要求，组织出版国家社科基金后期资助项目成果。

全国哲学社会科学工作办公室

目　　录

第一章 绪 论

人才是为社会发展和人类进步进行了创造性的劳动，在某一领域、某一行业、某一工作中作出较大贡献的人。[①] 在知识经济时代，人才是最核心的生产力。随着经济全球化的深入发展、信息技术水平的提升和人力资源市场的开放，人才迁移的速度进一步加快，而人才集聚的格局也必然影响世界发展的格局。

第一节 研 究 背 景

一、科技精英人才是人才队伍中的翘楚

无论用什么方法衡量，科学家的研究产出都是有极大差异的。[②] 人才的才能并不是一样的，而是有层次之分的，不同层次人才的成就和贡献是不一样的。科技精英人才是在人才队伍中处于较高层次的优秀人才，他们是人才队伍中的佼佼者和领军人。正如默顿学派所言，从个体角度来看，每位精英人才在功能上等价于多位普通的科学家，科学史中的多重发现及优先权之争的现象，虽然表明精英科学家个人并非不可或缺，但是他们被替代的难度系数较大。从群体角度而言，整个科学精英阶层对科学进步的贡献是不可替代的。[③]

虽然科技精英人才仅仅是人才队伍中的一小部分，但正是这一小部分影响了科技发展的历史、现在及未来。从高水平科学论文的发表情况可以看出，50% 的高水平科学论文都是由约 10% 的科学家所写的，大部分的

---

① 王通讯编著：《人才学通论》，天津，天津人民出版社，1985 年，第 1~2 页。

② Allison，P. D.，1980："Inequality and Scientific Productivity"，*Social Studies of Science* 10（2）：163–179.

③ 刘崇俊、王超：《科学精英社会化中的优势累积》，《科学学研究》2008 年第 4 期。

高水平科研成果都出自一小部分科学家之手。[①]

从人才的特征来看，科技精英人才除具有人才的一般性特征外，还有自身的特殊性。他们常常具有特别旺盛的创造力，具有创新意识、创新能力、合作能力、敬业精神。他们的核心特征可以概括为以下三点：一是具有较高深的知识和较强的能力；二是能够进行创造性劳动；三是在物质文明、精神文明、政治文明建设中作出了重大贡献。[②]

二、科技精英人才是建设创新型国家（地区）的关键要素

科技精英人才既是建设创新型国家（地区）的关键要素，也是创新型国家（地区）建设成功的重要保障。建设创新型国家（地区），就必须坚持"人才资源是第一资源"[③]。英国经济学家哈比森指出："人力资源是构成各国财富的根本基础。资本与自然资源都是被动的生产要素。只有人才是积累资本，开发自然资源，建立社会经济和组织并推进国家经济发展的能动力量。显而易见，一个国家如果不能发展人民的技能和知识，就不能发展任何别的东西。"[④]2004 年 12 月，美国竞争力委员会发布的《创新美国：在竞争与变化的世界中繁荣》将 80 余项强化创新的建议归纳为人才、投资、机制三个方面，其中人才被列为三方面之首。该报告指出，人才是国家（地区）重要的创新资本。[⑤]胡锦涛在 2006 年 1 月召开的全国科学技术大会上特别强调："培养大批具有创新精神的优秀人才，造就有利于人才辈出的良好环境，充分发挥科技人才的积极性、主动性、创造性，是建设创新型国家的战略举措。"[⑥]中共中央、国务院印发的《国家中长期人才发展规划纲要（2010—2020 年）》明确强调要"加快人才发展体制机制改革和政策创新，扩大对外开放，开发利用国内国际两种人才资源，以高层次人才、高技能人才为重点统筹推进各类人才队伍建设，对实现全面建设小

[①] Mulkay, M., 1976: "The Mediating Role of the Scientific Elite", *Social Studies of Science* 6（3/4）: 445–470.

[②] 李群、董守义、孙立成等:《我国高层次人才发展预测与对策》,《系统工程理论与实践》2008 年第 2 期。

[③] 《习近平关于社会主义经济建设论述摘编》, 北京, 中央文献出版社, 2017 年, 第 129 页。

[④] 谈世中主编:《发展中国家经济发展的理论和实践》, 北京, 中国金融出版社, 1992 年, 第 80 页。

[⑤] Council on Competitiveness, 2004: "Innovate American: Thriving a World of Challenge and Change".

[⑥] 《改革开放三十年重要文献选编》下, 北京, 中央文献出版社, 2008 年, 第 1554 页。

康社会奋斗目标提供坚强的人才保证和广泛的智力支持"[1]。习近平在 2016 年全国科技创新大会、中国科学院第十八次院士大会和中国工程院第十三次院士大会、中国科学技术协会第九次全国代表大会上指出："一切科技创新活动都是人做出来的。我国要建设世界科技强国，关键是要建设一支规模宏大、结构合理、素质优良的创新人才队伍。"[2]

科技精英人才是科技创新的关键，也是国家（地区）竞争力的重要表现。知识经济时代，社会生产力的决定性要素不再是机器、劳动力、设备、能源等实体物质，而是人的智力、知识、创意、技能等脑力因素，产业价值和利润也大部分流入这一部分。世界银行的一份报告指出，当前世界工厂、土地、工具及机械所凝聚的财富日益缩水，而人力资本对于一国（地区）的竞争力正变得日渐重要。在以知识经济为主的美国，人才资本与实物资本相比，重要性要高出三倍多。[3] 可见，随着知识经济发展进程的加快，科学技术对经济增长的贡献越来越大，人力资源逐渐取代物质资源，成为科技创新的核心资源。在某种程度上，科技精英人才对经济和高科技发展起着决定性的作用。[4] 科技精英人才的规模也逐渐成为一个国家（地区）竞争力的首要体现。

三、科技精英人才是建设世界一流大学的基石

大学的水平就是人的水平，大学的质量就是人的质量，大学的特色就是人的特色，大学的理念既来自人也体现于人。教师是大学最核心的人力资源，是大学核心竞争力的要素[5]，其不仅直接决定了学校的办学水平和各项职能的发挥，而且在很大程度上是学校是否具有竞争力或有多大竞争力的决定因素。[6]

高校中的科技精英人才不仅是师资队伍中的领军人物，更是大学竞争力的支撑性要素。[7] 拥有世界级学术权威和大师是一流研究型大学的重要

[1] 《十七大以来重要文献选编》中，北京，中央文献出版社，2011 年，第 718 页。
[2] 《十八大以来重要文献选编》下，北京，中央文献出版社，2018 年，第 338 页。
[3] 王辉耀：《国家战略——人才改变世界》，北京，人民出版社，2010 年，第 3 页。
[4] 于敏、王有志、陶应虎等编著：《科技创新人才战略》，南京，东南大学出版社，2011 年，第 13 页。
[5] 张卫良：《大学核心竞争力理论与实践研究》，青岛，中国海洋大学出版社，2006 年，第 63 页。
[6] 卢春兰、卢再球：《加强"双师型"师资队伍建设，提升高职院校核心竞争力》，《企业家天地》2009 年第 5 期。
[7] 单伟、张庆普：《基于隐性知识的高校核心竞争力分析》，《哈尔滨工业大学学报（社会科学版）》2006 年第 1 期。

标志之一。① 拥有这些顶级学者的数量不仅决定了大学的竞争地位，同时很大程度上影响着一国（地区）大学教育整体竞争力的提升和发展，是大学发展的根本所在。② 当今世界，几乎所有的世界一流大学都拥有一定数量的诺贝尔奖获得者，拥有一定数量的国家科学院院士、工程院院士等一流的学科带头人及其学术队伍。这是这些大学成功的重要秘诀，是大学发展的最核心资源。③

四、世界各国（地区）都在不遗余力地争夺科技精英人才

科技精英人才的重要性和稀缺性，势必造成人才的竞争。而竞争既发生在国家（地区）之间也发生在机构之间，且不论何种形式的竞争，都将影响科技精英人才的迁移方向和分布特征。

随着知识经济在社会运行中地位的日益突出，世界各国（地区）为了保持和建立自己经济发展的竞争优势，都把争夺科技精英人才作为国家（地区）的重要战略，纷纷出台优惠政策，争取全球最优秀的科技精英人才为己所用。美国吸引国外科技精英人才的主要措施有：放宽移民限制，吸引最杰出的科技人才移民美国；增加专门颁发给国外专门人才的 H-1B 签证名额；聘用外国专家；通过跨国公司的海外研发基地争夺外国人才；招收留学生，尤其是为科学和工程专业的研究生提供丰厚的奖学金，以及毕业后留美工作的便利条件。德国通过改革高等教育体系、增加奖学金数量，吸引更多外国学生来德国学习和就业；实施"对外科学政策倡议""移民融合计划"等，鼓励本国科研机构和高校在全球范围内招聘人才。以色列政府设立科学吸收中心，专门帮助移民科学家或向别国移民后回归的科学家融入研发体系。④ 作为世界上较具影响力的区域一体化组织，欧盟近年来不断出台并调整政策，实施了著名的玛丽·居里行动计划、第七框架计划"原始创新"专项、里斯本战略、伊拉斯谟世界计划、"科学鉴证"一揽子政策及蓝卡计划，加大了对海外高层次人才的吸引力度。⑤ 日本政府为吸引国外高层次研究人才，成立专门的学术振兴会实施"外国人特别研究员事业"和"海外特别研究员事业"，分别邀请外国优秀研究人员到日本的大学和研究机构从事研究工作，同时资助日本年轻研究员到

---

① 王怀宇、沈红：《美国研究型大学教授发展的诸力分析》，《比较教育研究》2003 年第 3 期。
② 宋东霞：《中国大学竞争力研究》，北京，高等教育出版社，2005 年，第 59 页。
③ 宋东霞：《中国大学竞争力研究》，北京，高等教育出版社，2005 年，第 39 页。
④ 张换兆、刘冠男：《当前典型国家科技国际化战略述评》，《科技与法律》2011 年第 1 期。
⑤ 韩芳、张生太：《欧盟人才引进政策》，《人力资源管理》2013 年第 1 期。

国外进行合作研究。①20 世纪 90 年代末以来，新加坡出台了各项吸引人才措施，在海外设立了八个"联系新加坡"联络处。这些联络处专门负责海外宣传和招聘工作，以吸引更多的全球人才到新加坡工作。② 由此可见，全球几乎所有的国家（地区）都投入到对人才的争夺中。

在机构层面，包括学校、研究所、企业等在内多种类型的机构，为了在竞争中实现发展，也都加入了吸引科技精英人才的行列。例如，美国的世界一流大学常通过提供"访问学者"或者"客座教授"职位的方式，来聘请其他国家（地区）的高层次人才。

五、引进科技精英人才是中国政府长期坚持的一项重要工作

"国以才立，政以才治。"③ 改革开放以来，中国政府一直把人才引进当作一项重要工作，从国家层面予以推行。目前，中国已出台了一系列的人才引进政策，并随着时代发展而不断地调整。

1983 年 7 月，邓小平在同几位中央负责同志的谈话中就明确提出，要利用国外智力，请一些外国人来参加中国的重点建设。④ 同年，中共中央、国务院颁发的《关于引进国外智力以利四化建设的决定》要求："在充分利用外资和引进国外先进技术的同时，积极地有计划有步骤地引进外国人才。"⑤ 中国改革开放以后积极引进人才的序幕由此拉开。

1997 年 3 月，国家外国专家局印发了《〈聘请外国专家确认件〉管理办法》，对应聘来华从事专业技术工作的外国专家予以分类。该管理办法首次界定了中国人才引进的范围和条件。

随后，党的十六大提出大力实施人才强国战略，更加强调对科技精英人才的引进。⑥ 在 2003 年底，《中共中央、国务院关于进一步加强人才工作的决定》把人才引进提到一个更高的工作层面，提出"坚持以我为主、按需引进、突出重点、讲求实效的方针，积极引进海外人才和智力"⑦。2008 年，中央决定实施海外高层次人才引进计划（简称"千人计划"）。

---

① 李佳：《德国、日本人才资源引入政策对我国的启示》，山西师范大学硕士学位论文，2013 年。
② 孔娜：《韩国、新加坡引进高层次人才战略现状分析及对我国的启示》，《科技信息》2012 年第 14 期。
③ 《十七大以来重要文献选编》上，北京，中央文献出版社，2009 年，第 85 页。
④ 《邓小平文选》第 3 卷，北京，人民出版社，1993 年，第 32 页。
⑤ 刘连生主编：《辽宁省引进国外智力资料汇编》，沈阳，辽宁大学出版社，1997 年，第 3 页。
⑥ 《十六大以来重要文献选编》上，北京，中央文献出版社，2005 年，第 98、501 页。
⑦ 《十六大以来重要文献选编》上，北京，中央文献出版社，2005 年，第 633 页。

这是中国级别最高、层次最高的人才引进战略工程，计划用五到十年，在国家重点创新项目、重点学科和重点实验室、中央企业和国有商业金融机构、以高新技术产业开发区为主的各类园区等，引进并有重点地支持一批海外高层次人才回国（来华）创新创业。该计划进一步加大了中国人才引进的力度，自实施以来取得了明显的效果。2014 年，习近平指出："要实行更加开放的人才政策，不唯地域引进人才，不求所有开发人才，不拘一格用好人才，在大力培养国内创新人才的同时，更加积极主动地引进国外人才特别是高层次人才，热忱欢迎外国专家和优秀人才以各种方式参与中国现代化建设。要积极营造尊重、关心、支持外国人才创新创业的良好氛围，对他们充分信任、放手使用，让各类人才各得其所，让各路高贤大展其场。"[1]

除此之外，各有关国家部委纷纷结合各自的需求出台了众多科技精英人才引进计划，如中共中央组织部的"青年千人计划""外专千人计划"；人力资源和社会保障部的"赤子计划""留学人员科技活动项目择优资助计划""中国留学人员回国创业启动支持计划""高层次留学人才回国资助计划"；教育部的"长江学者奖励计划""高等学校学科创新引智计划""春晖计划""新世纪优秀人才支持计划"；中国科学院的"百人计划""创新团队国际合作伙伴计划"；中国科学技术协会的"海智计划"；国家海洋局的"引进留学人才计划"。

在地方政府层面，各种针对科技精英人才引进的项目也层出不穷，如"北京海外人才聚集工程""上海市浦江人才计划""江苏省高层次创新创业人才引进计划""浙江省海外高层次人才引进计划""山东省万人计划""湖北省百人计划""陕西省百人计划""广东省珠江人才计划""河北省巨人计划"。而各类学校层面的人才引进计划和举措更是举不胜举。

中央及地方各级政府实施的众多人才引进的举措，为中国吸引了大量的杰出人才，但是随着经济全球化趋势的日益增强和科技的迅猛发展，中国的人才，特别是科技精英人才的规模和数量，仍旧不能满足国家发展的需要。当前，中国人才发展的总体水平同世界先进国家相比仍有差距，与中国经济社会发展需要相比还有一些不适应之处，主要表现在："高层次创新型人才匮乏，人才创新创业能力不强，人才结构和布局不尽合理，人才发展体制机制障碍尚未消除，人才资源开发投入不足。"[2]因

---

[1]《习近平关于科技创新论述摘编》，北京，中央文献出版社，2016 年，第 115 页。
[2]《十七大以来重要文献选编》中，北京，中央文献出版社，2011 年，第 717 页。

此，科技精英人才的引进仍将是中国未来较长一段时间内人才引进工作的重点。

综上所述，科技精英人才的重要作用不言而喻，科技精英人才的迁移也是国际化和全球化的必然趋势。面对硝烟四起的人才竞争，中国各级政府、各类学校都制定了相应的人才政策，但人才短缺的问题不可能在短期内得到解决，人才的开发和引进工作任重而道远。因此，为了减少人才培养和引进工作的盲目性，降低风险、提高效率，了解科技精英人才迁移的规律和特征就显得尤为迫切。

第二节　概　念　界　定

一、高被引科学家

科技精英人才是指那些能为专业知识的发展作出创造性贡献，并能为同专业其他成员引领方向的科学家。[①] 他们既是人才中层次高的那部分群体，还兼备在各行各业创新的能力。[②] 而在评价一个科学家的研究成果和学术成就时，其所发表论文的影响力是重要标准，其中论文的被引频次被视为评价科学家学术成就的重要标准之一。[③] "高被引是评价科学家或研究者科研成就最关键的指标之一，论文的引用频次反映了科学家或研究者的研究成果被同行认同的程度。"[④] 有关将引用率作为评价科技精英人才标准的问题，在研究方法一章中将详细论述，此处不再累述。

一般来说，科学家或者研究者发表的论文被数据库收录后，其他研究者可以通过检索来获取已发表论文的信息，或引用这篇论文。这些被引用的论文就叫被引文献，被引文献的作者就叫被引科学家。如果一位科学家的论文被引用的频次很高，那么就称该科学家为"高被引科学家"。本书中的高被引科学家，就是于特定时间内在特定学科领域内，科研论文被引用频次较高的那一部分科学家或研究者，是各学科领域内有影响力的科学家或研究者，也是科技精英人才的杰出代表。

① Laudel, G., 2003: "Studying the Brain Drain: Can Bibliometric Methods Help?", *Scientometrics* 57（2）: 215–237.

② 汪睿:《中国精英人才培养的历史考察与研究》,《山西财经大学学报》2015 年第 S1 期。

③ 郑佳之、张杰:《一种个人学术影响力的评价方法》,《中国科技期刊研究》2007 年第 6 期。

④ Basu, A., 2006: "Using ISI's 'Highly Cited Researchers' to Obtain a Country Level Indicator of Citation Excellence", *Scientometrics* 68（3）: 361–375.

本书所指的高被引科学家是指被高被引科学家数据库收录的科研人员。高被引科学家数据库是由科睿唯安（原汤森路透知识产权与科技事业部）开发，收录的是 21 个学科领域引文影响力排在世界前 1% 的科研人员。

二、科技精英人才的职业发展

职业发展是职业生涯发展理论研究的重要概念。西方最早在 19 世纪末 20 世纪初就开始了职业发展的实践活动，并逐渐形成了相应的职业发展理论体系。职业发展理论研究方面主要的代表人物是美国心理学家萨帕和克朗伯兹。萨帕认为个人职业发展由以下因素决定：社会经济因素、体力和智力能力、个体和机遇。克朗伯兹认为有四种因素会影响一个人的职业发展，即遗传天赋、环境条件和事件、学习经验及任务进行技巧。[1] 根据不同的职业发展理论，学者们对个人职业发展阶段进行了划分，有的学者将个人的职业生涯划分为探索期、尝试期、立业期、维持期四个发展阶段，在不同职业发展阶段，个体会重新开始输入信息、学习知识、积累经验、提高技能以适应新的职位要求。[2] 有的学者将个人职业生涯划分为五个阶段：成长阶段（0～14 岁）、探索阶段（15～24 岁）、建立阶段（25～44 岁）、维持阶段（45～64 岁）、衰退阶段（65 岁以上），且每个阶段都有必须完成的发展任务和完成任务的标准，每一阶段都是承前启后的，前一个阶段发展任务的完成与否关系到后一个阶段的发展。[3]

科技精英人才的职业发展不同于普通人的职业发展，他们大多是某个领域的顶尖人才，具有较强的预见性及创新能力，故一般认为，科技精英人才的职业发展是一个需要经历科学知识的系统学习、科学方法的训练和科学实践的体验等多个环节，并受到多种因素影响的复杂过程。[4] 他们的职业发展受学习经历、专业、工作方式等因素的影响。[5] 其职业发展主要是从大学本科阶段开始的，包括正规教育、博士后培训及在不同研究和学

---

① 沈漪文：《西方职业发展的理论综述》，《产业与科技论坛》2008 年第 8 期。
② 罗青兰、于桂兰、孙乃纪：《高层次人才职业发展阶段与成长路径探究》，《云南财经大学学报（社会科学版）》2012 年第 2 期。
③ 范慧玲、罗景林、王世景等：《萨帕职业发展理论对我国高校职业指导的启示》，《传承》2011 年第 30 期。
④ 徐爱萍、高爽：《高层次创新型科技人才的内涵、特征及成长规律》，《价值工程》2012 年第 19 期。
⑤ 曾文凯、吴培群：《科学家与政界精英职业发展的影响因素研究——基于学习经历、工作调动的影响因子分析》，《科技广场》2013 年第 11 期。

术机构之间的流动等[①]，大致可以分为基本素质养成、专业能力形成、创新能力激发、领军人才完型四个阶段[②]。

本书认为科技精英人才职业发展主要是从其大学本科开始的，经济需求、学习经历、专业发展需求，都会影响其职业发展。而其职业发展阶段大体上分为学习期（从学士到博士）、适应期（从博士到初职）、发展期（从初职到现职）。

三、职业迁移

根据上述对科技精英人才职业发展特征的分析及其职业发展阶段的划分，本书认为职业迁移指的是科技精英人才在不同职业发展阶段的迁移行为。

职业迁移的确定主要在于对迁移的理解。在社会学领域，迁移被定义为社会流动，是与社会分层密切相关的概念。社会学家认为社会地位和职业地位都是有层级之分的，故社会学研究中的人才迁移或者叫人才社会流动是指社会地位或者职业地位在层级之间的变动。[③]他们的研究一般是"以职业作为社会地位变化的参照量，运用'职业世袭率'（即以父辈为基准的下代人中从事同样职业的比率）、'职业同职率'（即以本人为基准，与上一代人中从事同样职业的比率）、'职业持续率'（即以最初职业为基准，目前仍从事于最初职业相同的人数的比率）为指标"[④]，"根据与某一特定社会的结构和取向发生关联的等级总系统的运行状况"[⑤]来确定迁移。在经济学领域，经济学家认为迁移与流动是有联系又有区别的两个概念。迁移是指"劳动者以改变定居地为目的，超过一定地界的流动"，强调"迁移一般要改变常住地""流动程序是单向性的""迁移前后，常驻时间和常驻地是一致的"。[⑥]而流动是指"劳动者根据劳动力市场条件的差异和自身条件，在国际间、地区间、产业间、部门或行业间、职业和岗位间所选择的迁移

① 周建中、肖小溪：《科技人才政策研究中应用 CV 方法的综述与启示》，《科学学与科学技术管理》2011 年第 2 期。
② 刘少雪主编：《面向创新型国家建设的科技领军人才成长研究》，北京，中国人民大学出版社，2009 年，第 5 页。
③ 徐祥运、刘杰编著：《社会学概论》，大连，东北财经大学出版社，2011 年，第 255 页。
④ 董泽芳：《教育社会学》，武汉，华中师范大学出版社，2009 年，第 139 页。
⑤ 〔法〕让·卡泽纳弗：《社会学十大概念》，杨捷译，上海，上海人民出版社，2011 年，第 139 页。
⑥ 胡学勤：《劳动经济学》，北京，高等教育出版社，2011 年，第 167 页。

或转移行为"①。

在有关人才迁移问题的研究中，人才流失的概念统领国际科学迁移研究几十年。但事实上，流失的现象已经发生了变化，它不再被认为是永久的失去或者义务的背叛。②

在中国，一部分学者将人才迁移等同于人口迁移，未加区分。③人口迁移泛指一切个人位置的变动，除指空间位置的移动外，有时也指社会流动和职业流动。④因而人才迁移或者职业迁移是人口迁移研究中的一部分。而另一部分学者将人才迁移归为人才流动的下位概念。他们认为，人才流动指的是人才在一定时期内工作地域、工作领域或工作岗位的变动，它既包括人才在国内流动，也包括人才的国际流动。⑤

面对众说纷纭的概念界定，中国学者陈力做了一个总结：从不同研究视角来认识人才流动会有不同的内涵和意义。概括起来，人才流动是指人才个体或群体以就业和职业发展为目的，或者国家（地区）以政治、经济、社会、军事等为目的，而导致的人才资源在不同地域、产业、部门和单位之间的流动过程和状态。⑥可见，职业迁移是职业发展过程中的一种流动过程或者说状态，需要根据不同的研究目的对其范围和形式作出相应的界定。在本书中，职业迁移主要是指高被引科学家以职业发展为目的所引发的居住国（地区）和所在机构的变化，具体分为国家（地区）迁移和机构迁移。

（一）国家（地区）迁移。从职业迁移概念的研究综述中可以看出，国家（地区）迁移常被描述为人才流失。但国外有学者对这种迁移进行研究后，认为杰出人才的迁移应该是"脑循环"（brain circulation）。⑦迁移并不是单向的、非此即彼的运动。故本书中的国家（地区）迁移是指人才在职业发展过程中居住国（地区）的变化情况。在本书中，如未特别说明，关于高被引科学家职业迁移与集聚研究所涉及的中国均指中国内地（大陆）。鉴于中国香港和中国台湾在人才流动研究中所具有的重

---

① 胡学勤：《劳动经济学》，北京，高等教育出版社，2011年，第167页。

② Gaillard, J. & Gaillard, A. M., 1997: "Introduction: The International Mobility of Brains: Exodus or Circulation?", *Science, Technology & Society* 2（2）: 195-228.

③ 苑雅玲、周祝平：《迎接入世挑战 关注人才迁移与流动——"中国—加拿大迁移与流动国际研讨会"综述》，《人口研究》2002年第5期。

④ 张利萍：《教育与劳动力流动研究》，华中师范大学博士学位论文，2006年。

⑤ 张汉宏：《高等学校人才流动探析》，《北京邮电大学学报（社会科学版）》2002年第1期。

⑥ 陈力主编：《我国人才流动宏观调控机制研究》，北京，中国人事出版社，2011年，第3页。

⑦ Johnson, J. M. & Regets, M. C., 1998: "International Mobility of Scientists and Engineers to the United States: Brain Drain or Brain Circulation?", National Science Foundation.

要性和特殊地位，本书将单独探讨中国这两个地区人才迁移的特征和经验。

（二）机构迁移。到目前为止，学者对机构迁移还没有形成统一的界定。有学者将机构迁移界定为学术职业流动，专指以高深知识为工作对象的教师的流动。[①] 也有学者将其延伸为高校人力资源在不同服务单位或不同职业方向（纵向或横向）上发生移位的社会现象。[②] 还有学者将机构迁移理解为高校教师在地区间、行业系统间或系统内不同单位、不同岗位间发生的职业流动。[③] 简单而言，机构迁移是指以高校为主体的，由于受某些因素的影响，形成高校之间、高校与各个地区和行业间人才流动的过程[④]，可分为教育系统内部的流动和教育系统外部的流动。教育系统内部的流动指的是高校教师在整个教育系统范围内的流动；教育系统外部的流动指的是高校教师跨教育系统以外的流动，包括高校教师向教育系统外流动，以及教育系统外人员流入教育系统两种。[⑤] 而国外学者将高校教师的职业流动分为两种类型，其一是由于工作单位变动引起的职业流动，其二是由于研究专业领域变动所发生的职业流动。[⑥] 总体而言，目前学者认定的人才机构迁移大部分是以高校为参照，研究的是人才在高校之间或者高校与非高校之间的流动状况。以高校为参照，一方面，高校是学者开始开展科学研究的主要场所，且高校是研究者最为集中的机构；另一方面，高校是迄今为止人类社会中最稳定的组织机构之一，以高校作为机构迁移研究的对象既可以规避一些因机构本身解散、取消等不可控因素引起的迁移行为，又使得迁移信息的获得更方便，从而增加机构迁移研究的可行性与研究结论的可信度。本书沿用这一观点，选取的样本皆是现职在高校的高被引科学家，其中的机构迁移主要是指高被引科学家职业发展过程中在大学之间或者大学和非大学的其他机构之间的迁移，也有可能伴随着地区的

---

① 李志峰、谢家建:《中国学术职业流动的内外部因素分析》,《大连理工大学学报（社会科学版）》2007 年第 4 期。

② 乐国林:《高校师资横向流动类型及其多角度剖析》,《湖南师范大学教育科学学报》2005 年第 6 期。

③ 蒋国河:《改革开放以来的中国高校教师流动》,《河北师范大学学报（教育科学版）》2010 年第 2 期。

④ 赵希男、贾建锋、范芙蓉等:《知识型组织的人才集聚途径与机制研究——以高等学校为例》,《研究与发展管理》2007 年第 3 期。

⑤ 李志峰、谢家建:《学术职业流动的特征与学术劳动力市场的形成》,《教育评论》2008 年第 5 期。

⑥ Van Heeringen, A. & Dijkwel, P. A., 1986: "Mobility and Productivity of Academic Research Scientists", *Czechoslovak Journal of Physics* 36（1）: 58–61.

改变和专业的变动。

四、人才集聚

有学者认为人才集聚或者叫人才聚集，应为聚集经济的属性之一[①]，对人才集聚问题的研究就是以规模经济和范围经济为理论基础，涉及的是人才资源组织效率问题。[②] 就概念而言，有学者认为人才集聚是人才资源流动过程中的一种特殊行为，是指人才由于受某些因素影响，从各个不同的区域（或企业）流向某一特定区域（或企业）的过程。[③] 也有学者认为人才集聚是资源集聚的下位概念，是一种深层次的资源在空间位置上的移动。[④]

从上述观点可以看出，学者们从经济学视角理解的人才集聚，实质上指的是人才集群的规模特征，强调的是人才在某一时刻某一地点集合的数量，主要与人口的分布有关，并不能准确地表现出人才迁移的动态特征。本书所采用的集聚概念，不是指人才的集中程度，而是指在迁移过程中，某个国家（地区）或者某一机构，人才迁入数量大于人才迁出数量的现象。这一概念突出的是人才在迁移过程中的汇集行为，具体在本书的数据分析中是指，当某一个国家（地区）或者机构在特定时期高被引科学家迁入人数与迁出人数之差大于 0 时，即表示在这个国家（地区）或者机构出现了高被引科学家的集聚现象。

第三节　理 论 基 础

人才迁移是一个由来已久的社会现象，经济学家和社会学家都从不同的角度对人才迁移的趋势和动因进行了研究。而这些理论研究结果显示，人才迁移主要是推力和拉力两方面共同作用的结果。

英国人口地理学家拉文斯坦被认为是最早使用推拉力作用来解释迁移原因的学者。1885 年 6 月，他在英国统计学会杂志上发表了《迁移法则》（"The Laws of Migration"）一文，总结了迁移过程中的推拉力作用。[⑤]20

---

① 李刚、牛芳：《人才聚集与产业聚集》，《中国人才》2005 年第 9 期。
② 张体勤、刘军、杨明海：《知识型组织的人才集聚效应与集聚战略》，《理论学刊》2005 年第 6 期。
③ 余宏俊：《高新技术开发区人才集聚战略对策研究》，《生产力研究》2003 年第 5 期。
④ 朱杏珍：《浅论人才集聚机制》，《商业研究》2002 年第 15 期。
⑤ Ravenstein, E. G., 1885: "The Laws of Migration", *Journal of the Statistical Society* 48（1）: 167—235.

世纪 50 年代末,博格从运动学的角度对推拉力作用机制进行了描述。[①]20 世纪 90 年代,李在《人口迁移理论》一文中对推拉力作用理论的动力机制进行了更为清楚的论述,即在迁出地和迁入地因素中都存在两种不同的倾向,一种引起和促使人们迁移,一种排斥和阻碍人们迁移。而且,这两种倾向在不同的人身上产生不同的作用效果。人们最终是否决定迁移,取决于他对迁入地和迁出地正负因素的权衡和选择。[②]

也就是说,人才迁移的发生、发展,乃至延续都有一个一般规律,即迁出国(地区)或机构的负面因素推动人才离开,迁入国(地区)或机构的正面因素吸引人才进来。[③]但有关推拉力的影响因素,从不同的理论出发,有不同的解释。本书将重点从经济学和社会学两个角度对影响人才迁移与集聚的推拉力因素进行分析,具体来说,主要运用人力资本理论和优势累积理论对推拉力因素进行分析。

一、人力资本理论

人力资本理论是 20 世纪 60 年代从西方经济学发展而来的一支重要的经济学分支。该理论认为人力资本和物质资本一样,是可以通过投入开发得到增长,并能给投入者带来经济回报的。美国经济学家舒尔茨和贝克尔创立了人力资本理论。1960 年舒尔茨发表的题为"人力资本投资"演说成为人力资本理论体系奠基的重要标志,而他本人也因在人力资本理论研究体系中的巨大贡献,被称为"人力资本理论之父"。[④]他在《论人力资本投资》一书中指出:"人的知识、能力、健康等人力资本的提高对经济增长的贡献远比物质、劳动力数量的增加重要得多。"[⑤]

人力资本理论认为,迁移是形成人力资本的重要因素之一,是人力资本投资的主要形式。舒尔茨说,"个人和家庭进行流动以适应不断变化的就业机会"[⑥]是人力资本投资的主要方面。贝克尔在《人力资本》一书中也

---

① 钟水映:《人口流动与社会经济发展》,武汉,武汉大学出版社,2000 年,第 17 页。

② Lee, E. S., 1996: "A Theory of Migration", *Demography* 3(1): 47–57.

③ Massey, D. S. et al., 1993: "Theories of International Migration: A Review and Appraisal", *Population and Development Review* 19(3): 431–466.

④ 杨河清主编:《劳动经济学》,北京,中国人民大学出版社,2002 年,第 278 页。

⑤ 〔美〕西奥多・W. 舒尔茨:《论人力资本投资》,吴珠华等译,北京,北京经济学院出版社,1990 年,第 98 页。

⑥ 〔美〕西奥多・W. 舒尔茨:《论人力资本投资》,吴珠华等译,北京,北京经济学院出版社,1990 年,第 31 页。

指出，用于增加人的资源以影响未来货币和消费的投资为人力资本投资。[①]而迁移就是增加人力资本的主要形式之一。

　　经济差异是影响人才迁移与集聚的主要推拉力。英国古典经济学创始人配第被认为是最早从经济学视角解释人才迁移原因的学者。他指出，比较经济利益的存在，会促使社会劳动力从农业部门流向工业部门和商业部门。[②]库兹涅茨在分析19世纪至20世纪50年代美国人口再分布与经济发展的历史时指出，经济发展与人口的区域再分布紧密相关，互为变量。一方面，伴随着经济发展的人口增长会自发刺激人口从过度密集地区流向相对稀少的地区，以开拓自然资源，从而进一步引起人口流动；另一方面，现代社会技术进步带来的经济增长会通过工业化、城镇化等形式对人口分布产生更为重要的影响。可以说，经济增长由技术变革引导，而人口分布变动则是适应经济机会变化的结果。技术进步往往是十分具体的，其对不同地区和不同部门的影响程度不一，造就的经济机会也不一样。人口流动是适应技术进步而带来经济机会变化的主导机制。[③]这就是说，技术进步、经济发展对人才迁移与集聚有重要的拉力作用，反之，技术落后、经济滞后对人才迁移与集聚则有明显的推力作用。

　　人力资本理论认为，迁移本身是要付出成本的。迁移的成本主要包括搜索新工作的成本、运输费用、迁移期间放弃的收入、离开家人和朋友的精神成本及资历和养老金损失等。[④]因而，"净经济利益方面的差异，主要是工资的差异，是导致迁移的主要原因"[⑤]。随着人力资本理论的发展，这一观点又逐渐被描述为只有迁移后的收益现值超过了与之有关的货币成本和心理成本的总和，迁移才会发生。[⑥]也就是说，在人力资本理论的观点里，人才迁移的推力和拉力主要来自国家（地区）或机构之间的经济差异。人力资本理论研究"力图用数理统计的方法建立自己的体

① 靳希斌主编：《人力资本学说与教育经济学新进展》，北京，教育科学出版社，2010年，第14页。
② 李通屏等编著：《人口经济学》，北京，清华大学出版社，2008年，第302页。
③ 钟水映：《人口流动与社会经济发展》，武汉，武汉大学出版社，2000年，第19页。
④ 高传胜、高春亮主编：《劳动经济学：理论与政策》，武汉，武汉大学出版社，2011年，第175页。
⑤ 〔美〕乔治·J. 鲍哈斯：《劳动经济学》，夏业良译，北京，中国人民大学出版社，2010年，第359页。
⑥ 〔美〕罗纳德·G. 伊兰伯格、罗伯特·S. 史密斯：《现代劳动经济学：理论与公共政策》，刘昕译，北京，中国人民大学出版社，2011年，第305页。

系"①，因此在人才迁移理论的研究中侧重具体事物和现象的描述和分析②，以及构建和验证人才流动模型和基本原理，在宏观层面的研究不多③，且其"强调受教育程度对劳动者工资收入水平的影响，认为造成工资等级差别的原因完全在于受教育程度，与其他无关"④，这在某种程度上把人等同于资本，忽略了人的主观能动性。因而仅用人力资本理论来解释科技精英人才的迁移问题，有可能会贬低科技精英人才个人的价值，有一定的局限性。

二、优势累积理论

优势累积理论是科学社会学领域的一个重要理论。所谓优势累积，是指"杰出科学家在科学分层体系不断向上攀登的过程中，科学共同体通过对他们反复赋予研究资源和奖励，从而使他们越来越超越其竞争者"⑤。也就是说在科学界，当某些个人或团体一再获得有利条件和奖励时，优势就累积起来。这些有利条件和奖励使获得者越来越快地成长，却使未能获得者（相对地说）越来越处于劣势地位。⑥

在优势累积理论中，人才的迁移与集聚被认为是一个优势相乘累积的过程。1968 年，默顿在其经典的《科学界的马太效应》一文中提到了优势相乘累积对人才迁移与集聚的影响，他指出："那些被证明在科学方面非常出色的机构会比那些尚不知名的机构分配到更多的研究资源。而且，其声望也能吸引超常比例的更多真正有前途的研究生。"⑦"这些社会选择的社会过程使最优秀的科学天才更为集中，这就使得任何与马太效应原理相抗争、以创立新的科学精英机构的尝试变得极为困难。"⑧朱克曼根据对诺贝尔奖美国获得者的调查访谈结果，在《科学界的精英——美国的诺贝尔奖金获得者》中对优势累积在精英科学家迁移与集聚方面的影响做了进一

① 靳希斌编著：《教育经济学》，北京，人民教育出版社，2009 年，第 68～69 页。
② 王洪：《对人才外流的经济学思考》，《现代财经》2005 年第 11 期。
③ 王福波：《国内外人才流动理论研究综述》，《商场现代化》2008 年第 3 期。
④ 靳希斌编著：《教育经济学》，北京，人民教育出版社，2009 年，第 68～69 页。
⑤ 刘崇俊、王超：《科学精英社会化中的优势累积》，《科学学研究》2008 年第 4 期。
⑥ 刘少雪、庄丽君：《研究型大学科学精英培养中的优势累积效应——基于诺贝尔奖获得者和中国科学院院士本科就读学校的分析研究》，《江苏高教》2011 年第 6 期。
⑦ 〔美〕R. K. 默顿：《科学社会学理论与经验研究》，鲁旭东、林聚任译，北京，商务印书馆，2009 年，第 662 页。
⑧ 〔美〕R. K. 默顿：《科学社会学理论与经验研究》，鲁旭东、林聚任译，北京，商务印书馆，2009 年，第 663 页。

步阐述，她指出，在著名机构的社会选择和未来获奖人的自我选择相互作用的过程中，"潜在的属于超级精英的科学家更加集中到著名的机构里"，而"那些比较接近于普通人的科学家，似乎自动或被动地离开了那些名牌学府"。①

优势累积理论是基于科学社会分层的假设，强调迁移是科技精英人才在科学社会分层体系中不断攀登的过程。具体而言，在教育期间，迁移是为了"跻身于名校、投靠于名师的青年才俊，在学校社会化的过程中获取了大量的文化资本和社会资本，从而为他们将来跨入精英行列积累了优势"；在获得学位之后，迁移是为了"更多的有利条件与工作便利，从而引起了科学成就与科学奖励新一轮的循环"②。这对我们了解科学活动的社会本性，注意优势相乘累积的作用，进而理解科技精英人才向著名机构集聚的行为有着重要的指导作用。但需要指出的是，优势累积理论还不是一个成熟的理论，在某种程度上，它还只是一个假说。随着经验性研究的开展，研究者不断赋予该理论以新的意义，也就是说，它仍是一个发展中的理论，其丰富的含义还有待进一步的研究和揭示③。而且优势累积理论中提到的迁移主要是指人才职业地位或者学术地位的变化，影响人才迁移与集聚的推拉力作用来自不同国家（地区）或机构在科学社会分层体系中地位的差异，而有关不同职业在社会分层体系中的地位，在社会学领域也是一个有争议的问题。

综上所述，无论人力资本理论还是优势累积理论，在人才迁移与集聚的推拉力作用研究方面都不可避免存在局限性。本书主要针对的是高层次科技精英人才，这些人不同于一般受过教育的劳动者，他们的成长或发展遵循"才能萌发的递减律""创造性突破的周期律""师承成才的折半律""社会承认的马太律"④等。本书将运用经济学和社会学的观点对科技精英人才职业迁移与集聚的推拉力因素进行综合分析。

① 〔美〕哈里特·朱克曼:《科学界的精英——美国的诺贝尔奖金获得者》，周叶谦、冯世则译，北京，商务印书馆，1979年，第223页。
② 刘崇俊、王超:《科学精英社会化中的优势累积》，《科学学研究》2008年第4期。
③ 欧阳锋:《科学中的积累优势理论——默顿及其学派的探究》，《厦门大学学报（哲学社会科学版）》2009年第1期。
④ 赵恒平、雷卫平编著:《人才学概论》，武汉，武汉理工大学出版社，2009年，第57页。

第四节 研究目的、内容与意义

一、研究的目的

本书通过对科技精英人才职业发展中的迁移与集聚特征，以及形成这种迁移与集聚特征的原因进行深入分析，以期为中国人才引进和人才培养实践工作提供启示。

本书明确了对科技精英人才职业发展不同阶段的迁移及迁移过程中的集聚特征进行分析的可行性。据此，本书以高被引科学家为研究样本，将高被引科学家的职业发展阶段划分为学士到博士、博士到初职、初职到现职三个阶段，首先对这三个职业发展阶段高被引科学家在国家（地区）和机构间迁入和迁出的情况进行统计，然后对这三个职业发展阶段高被引科学家迁移过程中向美国集聚和向名校集聚的特征进行分析，并结合对高被引科学家不同职业发展阶段迁移与集聚影响因素的问卷调查结果，深入讨论高被引科学家在迁移过程中的集聚特征及其背后的原因。具体的研究问题如下。

（一）高被引科学家在职业发展不同阶段有什么国家（地区）迁移特征？

1. 高被引科学家在不同职业发展阶段是否呈现向美国集聚的特征？

2. 影响高被引科学家国家（地区）迁移与集聚的因素有哪些？

（二）高被引科学家在职业发展不同阶段有什么机构迁移特征？

1. 高被引科学家在不同职业发展阶段是否呈现向世界一流大学集聚的特征？

2. 影响高被引科学家机构迁移与集聚的因素有哪些？

（三）高被引科学家职业迁移与集聚的特征及其背后的原因对中国创新型国家建设和世界一流大学建设在人才引进和培养方面有什么启示？

（四）中国高被引科学家职业迁移与集聚的特征及原因有哪些？

（五）哪些人才引进的政策或者策略值得中国借鉴？

二、研究内容

本书以高被引科学家为研究对象，在文献分析的基础上，运用简历分析法、问卷调查法和个案分析法，对科技精英人才国家（地区）迁移和机构迁移的趋势与原因进行探讨。具体的研究框架示意图见图 1-1。

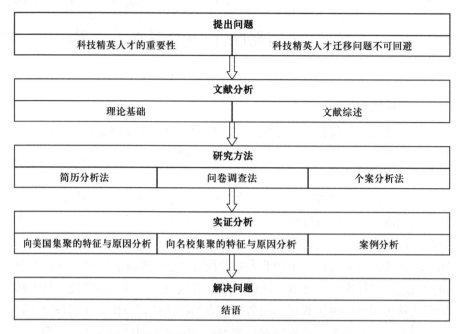

图 1-1　研究框架示意图

根据该研究框架，本书的内容体系如下：

第一部分为绪论，即第一章，通过对科技精英人才重要性的分析，提出对科技精英人才职业迁移与集聚问题进行研究的必要性；对研究主要概念进行界定；在阐述主要分析理论的基础上，明确本书研究的目的、内容和意义。

第二部分为文献综述，即第二章，主要从科技精英人才国家（地区）迁移与机构迁移的趋势、原因、影响等方面对中外研究文献进行分析。

第三部分为研究方法，即第三章，主要分析了研究样本选择的标准，以及简历分析法与问卷调查法的可行性与可信度，提出了国家（地区）分类与高校分类的依据，并阐述了具体的数据分析路径与统计分析方法的运用，以及个案选择的依据。

第四部分为实证分析，即第四章、第五章、第六章和第七章。第四章对高被引科学家国家（地区）迁移过程中向美国集聚的特征与原因进行分析。第五章对高被引科学家机构迁移过程中向名校集聚的特征与原因进行分析。第六章是在第四章与第五章研究的基础上，选择几个对中国有借鉴意义的国家和地区进行个案分析。第七章是对中国高校高被引科学家集聚的特征和原因进行分析，并结合高被引科学家国家（地区）和名校集聚的特征及部分国家（地区）人才集聚模式的特征，针对中国创新型国家建设和世界一流大学建设中科技精英人才可持续的培养、开发、引进，提出相关建议。

第五部分为结论，即结语，主要对本书所研究的内容进行归纳并提出后续的研究展望。

三、研究意义

从理论层面看，本书拓展了人才迁移的理论，综合运用经济学和社会学的相关理论，从宏观、中观、微观的角度对影响人才迁移的动因进行分析。具体来说，本书将经济学理论中的人力资本理论运用到人才迁移趋势与原因的宏观和微观分析中，同时将社会学理论中的优势累积理论运用到人才迁移趋势与原因的中观分析中，还将迁移理论运用到高被引科学家的整个学术生涯的迁移分析中，丰富了人才迁移理论的研究范围。

从实践层面看，随着知识经济时代的来临，人才成为提高国家（地区）、社会、机构竞争力的保障。同时随着全球化的发展，人才迁移的自主性变得更高。如今，人才迁移已经成为世界性的话题，并受到广泛重视。这种外部形势的变化促使理论工作者和实践工作者顺应时代的要求，把握人才迁移的规律特征，更好地运用规律解决实践中的人才流失、人才引进等问题。本书可以为高校管理者在制定人才政策、优化人才环境、提高人才引进效率和使用效率等方面提供一定的思路和解决方案。

第二章 文 献 综 述

国家（地区）迁移研究探讨的是发生在国家（地区）之间的人才迁移与集聚问题，机构迁移研究探讨的是发生在机构之间的人才迁移与集聚问题。人才迁移与集聚的趋势、原因和影响具有一般规律与特征。科技精英人才迁移与集聚必然又有着其特殊的趋势、原因和影响。因此，本章将从趋势、原因、影响三个方面对前人的研究成果进行概述。在此基础上，对已有的有关科技精英人才国家（地区）迁移与集聚、机构迁移与集聚的主要研究成果进行综述。

第一节 人才迁移与集聚研究概述

一、人才迁移与集聚的趋势研究概述

从经济学视角看，人才迁移与集聚遵循经济分布的法则。具体来讲，人才的地理分布基本上就是经济地理分布，它总是适应一定的经济布局，地域的经济开发过程决定着人才开发的空间布局和人才流动。[1] 而人才流动的频率和规模与经济周期反向涨落，越是经济低迷，人才流动速度和规模越大。[2] 迁移仅仅在一个方向增长，即从贫穷地区到富裕地区，这是实现人力资源配置的一个机制。[3] 从社会学视角看，人才迁移与集聚遵循"趋高性"的原则。"'人往高处走'，即是对这种'趋高性'的形象化表达。所谓'高处'，意即高的地位、职位、权力、待遇，满足需求较好的地方、条件和环境等。"[4] 从政治学视角看，人才总是朝着政治稳定或政治中心转移的方向迁移和集聚。从文化学视角看，文化科学中心吸引着人才的迁移

---

① 叶忠海：《人才地理学概论》，上海，上海科技教育出版社，2000 年，第 62 页。

② 刘建彬、崔源：《金融危机中的海外引才机遇》，《中国人才》2009 年第 5 期。

③ Eggert, W., Krieger, T. & Meier, V., 2010: "Education, Unemployment and Migration", *Jouranl of Public Economics* 94（5–6）：354–362.

④ 赵恒平、雷卫平编著：《人才学概论》，武汉，武汉理工大学出版社，2009 年，第 280 页。

与集聚。[①] 从组织学视角看，人才从一个组织向另一个组织的流动，总是朝着使同一组织系统的人才饱和度趋向均匀并趋向准饱和的方向进行。[②] 从环境学视角看，外在环境引导了人才的流动和聚散。一般情况下，人才从不良环境流向良好的环境。[③] 可见，从不同的视角出发，学者们对人才迁移与集聚趋势有不同的描述。

简而概之，根据上述学者的观点，那些具有国际竞争力的国家（地区）或者机构必定成为人才迁移与集聚的优势国家（地区）或机构。

二、人才迁移与集聚的原因研究概述

从已有的研究来看，人才迁移与集聚的原因是多元的。学者们从不同的视角对人才迁移与集聚的原因进行分析，得出了许多不同的结论，具体如下。

经济收入是影响人才迁移与集聚的主要推拉力。人才迁移与集聚实质就是一个人力资源配置的问题，是市场经济发展客观规律作用的必然结果[④]，是人力资源增长与累积政策和收入分配相互作用的过程。[⑤] 人才流入或流出某一区域，是基于对未来收益增长的预期。人才集聚是市场参与者的羊群心理相互作用的结果。[⑥] 鲍维格等利用人才迁移模型中的回归方程对1975年至1980年注册于美国南方15所赠地大学农业专业的2028名学生，毕业后连续十年的跟踪调查和访问的结果进行统计分析发现，"虽然毕业生自认为其作出迁移决定最重要的考虑因素是工作特征与工作技能，而不是工资，但工资与工作的特性和工作技能是相匹配的"[⑦]。因此，鲍维格等认为实际上工资才是这些毕业生作出迁移决定最重要的考虑因素。欧迪兰德运用职业和位置联合选择模型，带入不同职业的成本和收入变量，对年轻劳动者职业地点的选择进行分析，发现年轻劳动者最初职业选择往往不是他们主动的选择而是受所在地职业选择成本和收益影响的结果，从而验证了地区之间成本和收益差别是人才迁移主要原因之一的结

① 叶忠海：《人才地理学概论》，上海，上海科技教育出版社，2000年，第54~56页。

② 黄永军：《人才流动的饱和度趋衡论》，《科学管理研究》2001年第5期。

③ 陈京辉、赵志升：《人才环境论》，上海，上海交通大学出版社，2010年，第10~11页。

④ Eggert, W., Krieger, T. & Meier, V., 2010: "Education, Unemployment and Migration", *Journal of Public Economics* 94（5–6）: 354–362.

⑤ Mountford, A., 1997: "Can a Brain Drain Be Good for Growth in the Source Economy?", *Journal of Development Economics* 53（2）: 287–303.

⑥ 朱杏珍：《人才集聚过程中的羊群行为分析》，《数量经济技术经济研究》2002年第7期。

⑦ Ballweg, J. A. & Li, L., 1992: "Employment Migration Among Graduates of Southern Land-Grant Universities", *Southern Rural Sociology* 9（1）: 91–102.

论。[①] 中国学者研究发现，薪酬和福利制度不合理、企业员工队伍不和谐、企业的实力和留给员工发展空间过于狭小，是导致了人才流失的重要原因。[②]

国家（地区）政策是影响人才迁移与集聚的重要推拉力之一。一些政策性因素（包括户籍、档案、社会保障等）仍是造成人才流动不可忽视的因素。[③] 而且一些直接相关的人才政策，也都会影响人才的迁移决定，这一点在下文国家（地区）迁移的文献综述中将进一步加以归纳，此处不再赘述。

此外，国家（地区）与国家（地区）之间的贸易关系，也影响着人才的迁移与集聚，中国学者魏浩等利用 1999 年至 2008 年全球 48 个国家和地区的统计数据，深入研究了不同类型国家（地区）吸引人才的影响因素，发现世界各国（地区）吸引人才的数量与其商品贸易具有显著的正相关关系，即国家（地区）之间贸易往来越密切，人才流动越频繁。[④]

教育也是影响人才迁移与集聚的一个重要推拉力。众多学者研究发现，教育年限和迁移行为存在直接相关性，较高的教育水平的确使得人们具有较高的迁移率。[⑤] 具体而言，一方面，教育的资源与直接效用的交换能否达到最大化，即如果当前的收益不能在预定的期限内抵消自己已投入的成本（主要是教育成本），人才就会产生流动的动机。另一方面，教育是影响社会分层的重要因素，社会分层的存在，必然导致层际的流动。[⑥]当然也有学者理性地指出教育对工作流动既有促进作用，也有阻碍作用，二者并非简单的线性相关。[⑦] 若将职业流动分为横向职业流动和纵向职业流动（晋升）两种，平均来看，受教育程度更高者横向职业流动较少，因为他们是拥有更多职业专用性的人力资本，但是受教育程度更高者在同一个企业内或者在不同企业之间，都有更大可能性升迁到一个更高水平的职位。[⑧] 无论教育与人才迁移是线性相关还是非线性相关，已有研究都一致

① Odland, J., 1988: "Migration and Occupational Choice Among Young Labor Force Entrants: A Human Capital Model", *Geographical Analysis* 20 (4): 281–296.
② 陈曼雪:《如何遏止人力资源流失的对策探讨》,《中国城市经济》2012 年第 1 期。
③ 赵志涛:《人才流动中的非经济因素分析》,《科技进步与对策》2001 年第 8 期。
④ 魏浩、王宸、毛日昇:《国际间人才流动及其影响因素的实证分析》,《管理世界》2012 年第 1 期。
⑤ 吴红宇:《基于人力资本投资的劳动力迁移模型》,《南方人口》2004 年第 4 期。
⑥ 王修来、金洁、沈国琪:《基于教育因子的区域人才资源流动分析》,《经济体制改革》2008 年第 5 期。
⑦ 吴克明:《教育与劳动力流动》,北京,北京师范大学出版社,2009 年,第 161 页。
⑧ Sicherman, N. & Galor, O., 1990: "A Theory of Career Mobility", *Journal of Political Economy* 98 (1): 169–192.

认为，教育对人才迁移与集聚具有显著的影响。

人才职业发展需求是影响人才迁移与集聚的内在驱动力。个体对最大化地满足自身需要的追求是人才流动的内因[①]，或者说是内驱力。对科技精英人才来说，专业发展是科技精英人才迁移与集聚的主要原因之一。劳德尔认为，精英人才的迁移更可能与研究环境及相同专业精英的集群有关，因为他通过对比分析不同专业的精英人才迁移特征发现，不同专业人才流失情况是不一样的。[②] 祖克和达比也认为对于科学界的杰出人才来说，专业是其迁移的一个主要原因，杰出人才会向着有更多同行的国家或地区聚集。[③] 而锡恩和本奎从研究问题、研究方法和研究材料三个方面对两个物理实验室进行比较发现，实验室的规模，内部的管理制度和体系，与其他实验室、机构、利益团体的关系和特点，实验室建立的目的和理念四个因素对科学家的迁移有着重要的促进或者阻碍作用。[④] 另外，职业发展影响着人才国家（地区）迁移与集聚。奥兰德和布莱克本对美国国家音乐学院协会认可的大学音乐学院的学术音乐家迁移原因调查的结果显示，学术头衔和迁移显著相关。学术头衔越高，迁移的可能性越小。[⑤]

此外，交通、人际关系网络、环境、科学技术成就、人才对居住地的选择，以及过去的迁移经历等也都有可能对人才的迁移与集聚产生推拉力作用。

可见，人才的迁移与集聚本身就是一个复杂的现象，正如有些学者的研究结果所表明的，人才迁移与集聚不是某一个因素能解释的，应是多种因素共同作用的结果。其可能是人才个体和其所服务的对象——组织的联合决策[⑥]；可能是社会的经济状况、文化及科学技术进步水平、人事制度和人事管理水平、物质生活水平、民族和社会心理，以及人才个体的道德

① 黄永军：《人才流动的饱和度趋衡论》，《科学管理研究》2001年第5期。
② Laudel, G., 2005: "Migration Currents Among the Scientific Elite", *Minerva* 43（4）: 377–395.
③ Zucher, L. G. & Darby, M. R., 2007: "Star Scientist, Innovation and Regional and National Immigration", NBER Working Paper Series No. 13547, National Bureau of Economic Research.
④ Shinn, T. & Benguigui, G., 1997: "Physicists and Intellectual Mobility", *Social Science Information* 36（2）: 293–309.
⑤ Aurand, C. A. & Blackburn, R. T., 1973: "Career Patterns and Job Mobility of College and University Music Faculty", *Journal of Research in Music Education* 21（2）: 162–168.
⑥ 张弘、赵曙光：《人才流动探析》，《中国人力资源开发》2000年第8期。

修养和生活方式等共同作用的结果[1]；可能是人才主体内驱力、人才输出国（地区）的凝聚力和人才接收国（地区）的吸引力三种力量综合作用的结果[2]；也可能是人才自身的主观因素、人才流失国（地区）的客观因素与人才吸收国（地区）的政策因素相互作用。[3]

总之，以上是学者们从一般规律的角度对影响人才迁移与集聚的因素进行的分析，具有普遍性，对特定的迁移原因分析具有一定的参考性。

三、人才迁移与集聚的影响研究概述

总体来说，人才的迁移与集聚对人类社会的发展是有利的，其一方面能促进经济的增长，另一方面能促进科技的发展。

首先，人才迁移与集聚对经济增长有重要的促进作用。[4]这种促进作用主要体现在两个方面：第一，劳动力流动形成的人力资源有效配置能对经济发展产生积极效果。[5]经济学认为，生产要素的流动可以调节地区之间的供求平衡，使生产要素达到均衡配置，有利于经济的增长。劳动力这一要素也存在着这样的规律。在劳动力供大于求的地区，存在着人力资源浪费的情况；相反，在劳动力供不应求的地区，其他生产要素会由于劳动力短缺而难以发挥应有的效益，影响经济总量的增长。[6]因此，从供求规律来看，迁移在"宏观上，可以实现人力资本的优化配置，调整人力资本分布的稀缺程度"[7]。第二，劳动力流动在促进经济发展的同时，对劳动者个人及社会发展作出了贡献。[8]舒尔茨正是持这一观点的代表，他从农业经济学的研究角度出发，认为教育、保健、人口的迁移等投资是形成人的能力的重要途径。[9]列宁也认为迁移能提高农民的人力资本含量，他指出："迁移是防止农民'生苔'的极重要的因素之一，历史堆积在他们身上的苔藓太多了。不造成居民的流动，就不可能有居民的开化，而认为任何

---

① 郭全胜主编：《人才流动理论、政策与实践》，北京，中国劳动出版社，1990年，第42~43页。

② 刘昌明、陈昌贵：《韩国人才回流的社会成因及启示》，《高等教育研究》1996年第2期。

③ 骆新华：《在国际人才流动新趋势中加快我国引进国外智力工作》，《湖北社会科学》2000年第7期。

④ 朱杏珍：《浅论人才集聚机制》，《商业研究》2002年第15期。

⑤ 郭全胜主编：《人才流动理论、政策与实践》，北京，中国劳动出版社，1990年，第65页。

⑥ 孙百才：《教育扩展与收入分配：中国的经验研究》，北京，北京师范大学出版社，2009年，第15页。

⑦ 杨河清主编：《劳动经济学》，北京，中国人民大学出版社，2002年，第277页。

⑧ 郭全胜主编：《人才流动理论、政策与实践》，北京，中国劳动出版社，1990年，第65页。

⑨ 张利萍：《劳动力流动与教育研究》，北京，中国社会科学出版社，2012年，第35页。

一所农村学校都能使人获得人们在独立认识南方和北方、农业和工业、首都和偏僻地方时所能获得的知识，那就太天真了"[1]，迁移"把居民从偏僻的、落后的、被历史遗忘的穷乡僻壤拉出来，卷入现代社会生活的漩涡。它提高居民的文化程度及觉悟，使他们养成文明的习惯和需要"[2]。埃格特等通过建立一个低工资高失业率的就业模型，发现熟练工人的工资地区间差异较高，就会使得低工资地区的人才外流到高工资地区。更多熟练工人的迁移提高了高工资地区的人力资本水平，而低工资地区要想获得发展要么努力提高人力资本的溢价，要么激发没有迁移的工人提高自身人力资本含量的愿望。[3] 中国学者杨河清也认为，迁移可以使个人的人力资本实现最有效率和最获利的使用。所以，它是实现人力资本价值和增值的必要条件。[4]

其次，人才迁移与集聚对整个人类社会的科技发展是有利的。第一，迁移与集聚有利于科学家个人的成长和发展。科学家的迁移是不可避免的，也是有益的。科学家的迁移一方面有利于探寻解决问题的更多途径，另一方面能扩大科学家自身的视野。[5] 实证研究结果也显示，迁移是学者职业发展的一种经历，优秀学者的迁移频次要高于学者的平均水平。尽管并不是所有迁移都是高质量的，但迁移与高质量有关，很大一部分学者因有在海外不同地方的迁移经历，而成长为更优秀的学者。[6] 第二，人才的迁移与集聚有利于整个社会的科技发展。历史的研究也发现了人才流动在知识传播和科学创造方面的重要性。[7] 人才的迁移，特别是高层次人才的迁移一直是科学活动的一部分，他们的迁移与集聚能产生正反馈效应、引力场效应、群体效应和联动效应[8]，对科学知识的传播起到推动作用。[9]

---

① 《列宁全集》第 3 卷，北京，人民出版社，2013 年，第 219 页。

② 《列宁全集》第 3 卷，北京，人民出版社，2013 年，第 529 页。

③ Eggert, W., Krieger, T. & Meier, V., 2010: "Education, Unemployment and Migration", *Jouranl of Public Economics* 94（5-6）: 354-362.

④ 杨河清主编：《劳动经济学》，北京，中国人民大学出版社，2002 年，第 277 页。

⑤ Ioannidis, J. P., 2004: "Global Estimates of High-Level Brain Drain and Deficit", *The FASEB Journal* 18（9）: 936-939.

⑥ Bekhradnia, B. & Sastry, T., 2005: "Brain Drain: Migration of Academic Staff to and from the UK", Higher Education Policy Institute.

⑦ Gaillard, J. & Gaillard, A. M., 1997: "Introduction: The International Mobility of Brains: Exodus or Circulation? ", *Science, Technology & Society* 2（2）: 195-228.

⑧ 孙丽丽、陈学中：《高层次人才集聚模式与对策》，《商业研究》2006 年第 9 期。

⑨ 潘晨光主编：《中国人才发展报告 No.1》，北京，社会科学文献出版社，2004 年，第 83 页。

第二节　科技精英人才国家（地区）迁移与集聚研究综述

一、美国被认为是科技精英人才国家（地区）迁移与集聚的最终目的国

在全世界范围内，人才国家（地区）迁移与集聚的趋势被认为是不断从发展中国家（地区）流向发达国家（地区），并且主要是向美国迁移与集聚。虽然有学者认为，20世纪80年代后期到90年代初期，人才出现回流趋势，即在发达国家（地区）受到好的教育的科学技术人才回到原地。[1] 但部分学者，特别是发展中国家（地区）的学者仍坚持认为，第二次世界大战结束以后就已经形成人才从发展中国家（地区）流向发达国家（地区）这一普遍趋势[2]，并且直到现在这一趋势依然显著。在全球人才流动中，从东向西流动的主体是中国、俄罗斯等国人才流向西方国家，从南向北流动的主体是南亚、南美及非洲南部等地区的人才流向北美及欧盟国家。[3] 从实证分析结果来看，人才国家（地区）迁移与集聚也主要呈现从发展中国家（地区）向发达国家（地区）迁移与集聚的趋势，且这些人才较多的选择美国作为其迁移与集聚的目的国。多克奎尔和蒙福特通过对1990年的170个国家和2000年的190个国家的移民进行分析发现，受过教育的移民绝大部分来自欧洲、东南亚。这些移民集中在美国的比例大约是50%；加上加拿大和澳大利亚，这一比例是70%；再加上英国、德国和法国，这一比例则上升到85%。[4] 马尔索等对来自亚洲的移民数据进行分析后发现，亚洲的科技人才迁移倾向集中于：美国、英国、澳大利亚、德国和日本五个国家。[5] 2010年，经济合作与发展组织（Organization for Economic Co-operation and Development，简称OECD）关于博士学位获得者职业研究项目的调查结果也显示，从欧洲国家的博士学位获得者过去十年的国家（地区）迁移情况来看，美国是其首要的输入国，其次是欧

---

[1] Gaillard, J. & Gaillard, A. M., 1997: "Introduction: The International Mobility of Brains: Exodus or Circulation?", *Science, Technology & Society* 2（2）: 195–228.

[2] 钟水映:《我国人才外流现象的反思与对策》,《中国人才》1999年第11期。

[3] 桂昭明:《全球人才"流"与"留"的规律（上）》,《人事天地》2011年第1期。

[4] Docquier, F. & Marfouk, A., 2004: "Measuring the International Mobility of Skilled Workers（1990–2000）", Policy Research Working Paper Series No. WPS3381, The World Bank, Washington D. C.

[5] Marceau, J., Turpin, T. & Woolley, R. et al., 2008: "Innovation Agents: The Inter-Country Mobility of Scientists and the Growth of Knowledge Hubs in Asia", The Druid 25th Celebration Conference, Denmark.

洲发达国家。①21 世纪初，我国国内许多媒体就争相报道：从 2006 年开始，清华大学和北京大学已是美国大学博士生生源最多的两所院校；美国《科学》杂志把清华大学、北京大学称为——"最肥沃的美国博士培养基地"②。

"9·11"事件发生后，虽然《经济学人》《华盛顿邮报》《印度时报》先后发表评论说，美国面临"逆向人才流失"问题③，但是有调查显示，美国外流人才的 40% 集中在 18 岁至 24 岁。④而这一年龄层的人才主要处于求学或者职业的起步阶段，基本上还没有成长为科技精英人才。对全球顶尖科技精英人才而言，美国仍旧是其主要的迁入国。⑤20 世纪 60 年代英国就有研究称，英国的科学家正以每年 1% 的比例迁移到国外，美国是英国科学家移民流向最多的国家。⑥此外，华威大学学者通过对高被引科学家数据库中的物理学家和生命科学家，以及美国顶尖大学经济系助理教授的简历进行分析后发现，美国是全世界科学人才人均净流入量最高的国家。⑦2003 年，整个欧盟大约有 40 万高层次人才在美国工作，其中 75% 的欧洲高级研究人才愿意继续留在那里。⑧即使有学者指出美国也存在科技精英人才流失的情况，但从其研究结论来看，美国科技精英人才流失情况与其他国家（地区）是不能相提并论的。"美国出生的科学家迁移到其他国家的比例是 2%。在日本、瑞典、丹麦和法国等国家出生的科学家五个中就有一个迁移到其他国家；在印度、中国出生的科学家七个中至少有六个迁移到其他国家。"⑨

① Auriol，L.，2010："Careers of Doctorate Holders：Employment and Mobility Patterns"，OECD STI Working Paper，OECD Publishing.
② 王辉耀：《人才战争——全球最稀缺资源的争夺战》，北京，中信出版社，2009 年，第 13 页。
③ 王辉耀：《国家战略——人才改变世界》，北京，人民出版社，2010 年，第 8~9 页。
④ 《美国人才外流渐成趋势》，《国际人才交流》2012 年第 1 期。
⑤ Saint-Paul，G.，2004："The Brain Drain：Some Evidence from European Expatriates in the United States"，IZA Discussion Paper No. 1310.
⑥ Oldfield，R. C.，Simmons，J. A. & Jeffery，J. W. et al.，1963："The Emigration of Scientists from the United Kingdom：Report of a Committee Appointed by the Royal Society"，*Minerva* 1（3）：358–380.
⑦ Ali，S.，Carden，G. & Culling，B. et al.，2009："Elite Scientists and the Global Brain Drain"，in Sadlak，J. & Liu，N. C.，*The World-Class University as Part of a New Higher Education Paradigm：From Institutional Qualities to Systemic Excellence*，UNESCO-CEPES，at 119–166.
⑧ 王辉耀：《人才战争——全球最稀缺资源的争夺战》，北京，中信出版社，2009 年，第 134 页。
⑨ Ioannidis，J. P.，2004："Global Estimates of High-Level Brain Drain and Deficit"，*The FASEB Journal* 18（9）：936–939.

由此可见，在全世界范围内，美国被认为是人才，特别是科技精英人才国家（地区）迁移与集聚的最大目的国。

二、科技精英人才国家（地区）迁移过程中向美国集聚的原因分析

科技精英人才国家（地区）迁移过程中向美国集聚，既受到一般推拉力因素的影响，又受到一些特殊推拉力因素的影响。这里的一般推拉力因素是指美国作为发达国家所具备的吸引人才的一般性拉力因素，以及输出国（地区）存在的一般性推力因素。

从拉力的角度来看，美国作为发达国家，其具备的吸引人才的一般拉力因素，主要体现在经济和政策方面。首先，经济是人才决定是否进行国家（地区）迁移要考虑的重要因素。[①] 输入国（地区）较高的生活水平和就业率能刺激迁移。具体而言，薪酬和福利制度、课税制度是影响大量高技术劳工进行国家（地区）迁移的主要原因。美国劳工部开展的一项全国调查结果显示，拥有较强经济实力，包括高就业、低失业、高工资、低房价、好市容的国家（地区）是受过大学教育的青年在国家（地区）迁移过程中的首选。[②]

其次，国家（地区）政策也是影响人才国家（地区）迁移与集聚的重要拉力因素之一。发达国家（地区）的人才政策对人才的国家（地区）迁移与集聚具有重要影响。[③] 除此之外，有学者指出，政府在控制人才流失和吸引人才中的重要作用，不仅体现在制定直接的人才政策上，还在于其他决策或政策有可能对诸如家庭、个人的适应性和职业前景产生刺激作用，进而影响到个人或家庭的迁移决定。[④]

从推力的角度来看，输出国（地区）较低的经济发展水平降低了人力资本回报率，是促使人才向美国迁移与集聚主要的一般性推力因素之一。科沃克和利兰通过建模分析，发现许多优秀的本科生在外完成更高学历教育后，基于本国（地区）对他国（地区）的教学水平和教学质量了解不够，且本国（地区）缺乏就业机会或者收入水平与在他国（地区）的收入不对等等原因，他们更倾向于选择在其完成学位的国家（地区）工作。[⑤]

① Ballweg, J. A. & Li, L., 1992: "Employment Migration Among Graduates of Southern Land-Grant Universities", *Southern Rural Sociology* 9（1）: 91–102.
② Kodrzycki, Y. K., 2001: "Migration of Recent College Graduates: Evidence from the National Longitudinal Survey of Youth", *New England Economic Review* 1（1）: 13–34.
③ 夏希:《浅析发展中国家的人才外流现象》,《社会观察》2006年第1期。
④ Song, H., 1997: "From Brain Drain to Reverse Brain Drain: Three Decades of Korean Experience", *Science, Technology & Society* 2（2）: 317–345.
⑤ Kwok, V. & Leland, H., 1982: "An Economic Model of Brain Drain", *American Economic Review* 72（1）: 91–100.

古戈和坦森通过对在国外高等教育机构接受本科和研究生教育的土耳其学生，以及拥有学士及以上学位在国外工作的土耳其人进行网络调查，发现在攻读学位所在国家（地区）工作和专业学习经历影响着这些土耳其人的回国决定。[①] 中国学者也认为，经济是主要原因，待遇与发达国家（地区）相比存在较大差距，是中国目前人才流失的主要原因。[②]

另外，输出国（地区）政策方面的局限性也是造成人才向美国迁移与集聚较重要的推力因素。例如，过度教育、待遇不平等、知识产权制度不完善[③]；政府对人才的忽视导致科研人才的个人需求难以得到满足，人才找不到自己合适的位置[④]；以及人才流动政策无论在内容上，还是制定方式上，或是立法层次上、执行能力上和政策对象对政策的接受能力上，都还不能完全适应经济社会发展的需要等原因是人才向美国迁移与集聚的推力因素。[⑤] 经济不景气、科研经费不足、科技人员工资低、科技政策制定得不合理等是 20 世纪 80 年代英国人才流入美国的主要推力因素。[⑥] 而政局不稳定、经济危机的困扰、劳动报酬低、知识分子的经济和社会地位逐年下降等是导致俄罗斯大批人才流向其他国家（地区）的原因。[⑦]

特殊推拉力因素则是与科技精英人才的人才特征有关的因素。科技精英人才是人才队伍中的领军人才，他们的迁移与集聚，不仅仅与收入有关，更与成就感、个人职业前景等因素有关。[⑧]

科技精英人才向美国迁移与集聚，其特殊拉力因素是美国所特有的吸引科技精英人才的因素。

其一，美国政府在吸引科技精英人才中主动出击，占领先机。美国是实施吸引人才政策最早的国家，到第二次世界大战结束时，迁入美国的科学家已有 2000 多人。他们中间有不少人主持或参与了"二战"后的重大

---

① Güngör，N. D. & Tansel，A.，2005："The Determinants of Return Intentions of Turkish Students and Professionals Residing Abroad：An Empirical Investigation"，IZA Discussion Paper No. 1598.

② 朱磊、和丕禅、秦江萍：《发展中国家人力资本外流的经济学分析》，《中国软科学》2002 年第 11 期。

③ 夏雪：《人力资本全球流动与一般发展中国家的困顿》，《济南大学学报（社会科学版）》2012 年第 1 期。

④ 张志恒、周彬：《发展中国家人才外流的现状、原因及对策分析》，《商场现代化》2006 年第 19 期。

⑤ 魏艳春：《现行人才流动政策存在的问题及其原因》，《中国人才》2005 年第 12 期。

⑥ 鲁兴启：《英国人才外流及其原因初探》，《世界研究与发展》1993 年第 3 期。

⑦ 徐忠、娄昭：《俄罗斯人才外流对我国的启示及其对策》，《安顺师范高等专科学校学报》2004 年第 4 期。

⑧ 白世龙：《直面高层次人才的流失》，《继续教育与人事》2002 年第 8 期。

科研项目，为"二战"后美国科技的发展作出了巨大的贡献。人所共知的第一颗原子弹、氢弹，第一颗人造卫星、通信卫星和气象卫星等重大科技成果无不渗透着这些科学家的心血。[1]1965年，美国颁布了影响深远的《移民与国籍法》。该法规定具有突出才能的移民可占每年入境移民的50%。此后，美国政府每次修订该法，都在不同程度上完善了有关技术人才的规定，从而使得入境移民中专业技术人才的比例大幅度提升。[2]

其二，美国较大的科技精英群体是吸引人才国家（地区）迁移与集聚的重要拉力之一。格斯特和佩鲁西指出，美国所拥有的较大的精英群体，对人才迁移到该国的行为有一定的结构性促进作用。[3]伊奥尼迪斯通过对高被引科学家数据库提供的高被引科学家出生地和目前居住地进行的对比分析，也证明了格斯特和佩鲁西的观点。他的数据分析结果显示，在一个没有足够大的本地高被引科学家群体的国家（地区），146名高被引科学家中就有125名会离开其出生国家（地区）。[4]

其三，美国众多卓越研究型大学及其吸引人才的特殊政策，对全球优秀学生和杰出人才的国家（地区）迁移与集聚有明显拉力作用。祖克和达比就指出，美国的研究型大学为这些杰出人才的创新提供了温床[5]，故全球的杰出人才才会向美国集聚。弗里曼提到，美国的大学在招收国际留学生方面有其特殊性，美国吸纳的国际留学生主要是硕士生，许多还是博士生。此外，美国还吸引了许多国际博士后和工作人员。这对美国人才引进计划的成功有重要的影响。澳大利亚和其他英联邦国家则倾向于通过招收国际学生来增加财政收入，因而它们侧重于为国际学生提供本科教育。[6]

其四，美国为其他国家和地区的优秀人才提供的更多的职业发展机会也对人才的国家（地区）迁移与集聚产生了拉力作用。例如，杜尔沃和娜欧纳托通过对加纳医学专业博士毕业生迁移到美国的原因进行调查，发现

---

[1] 梁茂信：《美国移民政策研究》，长春，东北师范大学出版社，1996年，第313~316页。

[2] 梁茂信：《二战后专业技术人才跨国迁移的趋势分析》，《史学月刊》2011年第12期。

[3] Gerstl, J. & Perrucci R., 1965: "Educational Channels and Elite Mobility: A Comparative Analysis", *Sociology of Education* 38（3）: 224–232.

[4] Ioannidis, J. P., 2004: "Global Estimates of High-Level Brain Drain and Deficit", *The FASEB Journal* 18（9）: 936–939.

[5] Zucher, L. G. & Darby, M. R., 2007: "Star Scientist, Innovation and Regional and National Immigration", NBER Working Paper Series No. 13547, National Bureau of Economic Research.

[6] Freeman, R. B., 2009: "What Does Global Expansion of Higher Education Mean for the US? ", NBER Working Paper Series No. 14962, National Bureau of Economic Research.

这些加纳医学博士生毕业后迁移到美国的原因除了有美国能提供更高的工资，还有美国能为这些博士毕业生提供更多职业培训机会。[1] 宋对在美国取得博士学位的韩国科学家和工程师留在美国的原因进行了调查，发现经济条件和个人职业发展的需要是这些韩国科学家和工程师留在美国的主要原因。[2]

而特殊推力作用则是指输出国（地区）落后的科技发展水平，制约了科技精英人才的发展。马尔索等对亚洲高技术人才迁移的分析结果显示，这些来自亚洲的高技术人才工作国家的选择和其获得研究生学位的地方紧密相关，即这些来自亚洲的高技术人才倾向于在他们获得研究生学位的国家（地区）工作。[3] 不能够为高素质、专业化的人力资本提供实现其价值的高平台，也是输出国（地区）的科技精英人才大量流失的重要原因。[4]

三、美国从科技精英人才的国家（地区）迁移与集聚中受益匪浅

科技精英人才是推动科技发展的主力，科技精英人才向美国迁移与集聚，必然促进美国科技的快速发展。第二次世界大战后，美国科技发展的历程就证明了这一点。此外，莱文与斯蒂芬通过选取美国国家科学院和工程院的院士，1992 年 6 月至 1993 年 6 月间在生命科学、农业、生物和环境科学、物理、化学和地球科学、临床医学等领域被 ISI 多元化数据库定义为经典的 108 篇论文的作者，1991 年 1 月至 1993 年 4 月间在化学与物理学、医学与生物学领域被科学观察定义为热门的 251 篇论文的作者，ISI 提供的 1981 年至 1990 年间前 250 名高被引论文的作者，1980 年至 1991 年间在医疗设备和诊断领域的高被引专利的作者，以及 1990 年 3 月至 1992 年 11 月间对建立生物技术企业有卓越贡献的 98 位企业创始人和董事长为样本，分析了非美国出生和受教育的移民对美国科学发展的贡献，也得出了相似的结论，即移民是美国科技的动力之源。[5]

[1] Dovlo, D. & Nyonator, F., 1999: "Migration by Graduates of the University of Ghana Medical School: A Preliminary Rapid Appraisal", *Human Resources for Health Development Journal* 3 (1): 40–51.

[2] Song, H., 1997: "From Brain Drain to Reverse Brain Drain: Three Decades of Korean Experience", *Science, Technology & Society* 2 (2): 317–345.

[3] Marceau, J., Turpin, T. & Woolley, R. et al., 2008: "Innovation Agents: The Inter-Country Mobility of Scientists and the Growth of Knowledge Hubs in Asia", The Druid 25th Celebration Conference, Denmark.

[4] 李宝元：《人力资本国际流动与中国人才外流危机》，《财经问题研究》2009 年第 5 期。

[5] Levin, S. G. & Stephan, P. E., 1999: "Are the Foreign Born a Source of Strength for U.S. Science?", *Science* 285 (5431): 1213–1214.

从已有的关于输出国（地区）人才流失问题研究的文献中可以看出，科技精英人才向美国迁移与集聚，削弱了其他国家（地区）的科技发展动力和潜力。1952 年至 1961 年，每年永久性地迁出英国的专业技术人才相当于英国每年授予博士学位人数的 17%。在 1961 年至 1966 年英国流失的工程师和科学家总数相当于 1964 年至 1966 年每年新增科学家和工程师总量的 31%。对此，英国政府惊呼："工程师和技术专家的向外移民更具有危险性，人才资源流失对英国经济造成的潜在性破坏更大。"[1] 此外，每年发展中国家（地区）也因人才外流造成了直接或间接的巨额经济损失。[2] 以中国为例，自改革开放至 2010 年底，中国逐渐成为世界上最大的人才流失国[3]，人才流失不仅体现在回归率低（25% 左右），更体现在大量出类拔萃的高层次人才然滞留在外[4]。郑道文在新古典增长模型的基础上，引入人力资本和移民净流出量两个变量，采用比较静态的分析方法，计量分析平衡增长路径上人才外流的收入损失。他发现如果不考虑人力资本的正外部经济效应和国家教育投资损失，仅考虑劳动力和人力资本等生产要素流失所带来的经济损失，根据 2002 年的数据估算，中国当年的国内生产总值因人才外流而导致的损失约 92.2 亿元。[5] 人才流失不仅制约了发展中国家（地区）的经济社会发展，导致人才断代，制约经济创新活力，还使得发展中国家（地区）面临无法收回教育补贴成本、后续人才培养受影响的困境。即使对发达国家（地区）而言，人才流失也是有害的，例如佩尔森和康格里夫通过对科学家论文被引用次数的分析发现，在英国获得博士学位的科学家，迁移到美国的都是论文被引用率和写作质量较高的科学家。因此他们报道说，人才流失在英国是一个非常严峻的问题。[6]

对人才迁入美国给世界其他国家（地区）带来危害的观点，也有学者持反对意见。他们认为，人才流入美国不仅没有给其他国家（地区）带来损失，科技精英人才向美国集聚，也没有给其他国家（地区）带来损失。从人才迁移的理论模式来看，人才外流对人力资本投资将起到强劲的拉动

① 梁茂信：《二战后专业技术人才跨国迁移的趋势分析》，《史学月刊》2011 年第 12 期。
② 包云：《我国高等教育国际化进程中的人才外流问题研究》，西南大学硕士学位论文，2008 年。
③ 李怡明、李丞：《从赴欧留学的狂热谈中国人才的流失》，《中国外资》2012 年第 4 期。
④ 曹聪：《中国的"人才流失""人才回归"和"人才循环"》，《科学文化评论》2009 年第 1 期。
⑤ 郑道文：《人力资本外流与经济增长——对人才外流损失的计量分析》，《中南财经政法大学学报》2005 年第 5 期。
⑥ Pierson, A. S. & Cotgreave, P., 2000: "Citation Figures Suggest that the UK Brain Drain Is a Genuine Problem", *Nature* 407（6800）: 13.

作用，人才流失对流失国（地区）高等教育注册率的影响是正面的。[1]若输入国（地区）所接受的适龄劳动人口正是输出国（地区）所富裕的，学生流动就可能产生双边效益。[2]从人才外流与回归的长期动态平衡过程来看，大量的外流人才可能因为本国（地区）政策的调整和经济的发展而回归，即使不回归，也会对本国（地区）的经济有积极的影响。[3]他们回归后不仅能带回高水平的生产技术和管理技术，以及最新的科研成果，还能大大促进经济系统的发展。[4]此外，人才可以凭借在输入国（地区）更高的劳动产出及建立的学术和商业网络，或者通过汇款和投资来服务于本国（地区）。部分中国学者也认为，中国目前人才外流现象并不十分严重，虽然中国大量人才流失带来了经济损失及教育成本损失，但是从长远来看，人才外流也会给中国带来积极的效应。[5]在全球化趋势之下，一定规模的人才外流对中国来说很可能是一种追踪世界科技潮流、发展自己力量的有效途径，其积极意义值得肯定和充分利用。[6]王德劲还在向量自回归模型框架内，证实了人才外流促进人力资本积累的"正"经济效应的存在，即中国人才外流对其人力资本积累具有显著的促进作用。[7]此外，多克奎尔发现，对低收入国家（地区）而言，只有人才流失率超过20%，才会对国家（地区）发展带来危害。事实上，很少有国家（地区）能超过这个比例。[8]他还通过运用柯布－道格拉斯生产函数模型，提出对某些发展中国家（地区）而言，在受过高等教育的人群中有适当比例的人迁出可能是有利的。[9]

科技精英人才向美国集聚不能仅认为是输出国（地区）的损失，而应

①　Groizard, J. L. & Llull, J., 2007: "Brain Drain and Human Capital Formation in Developing Countries. Are There Really Winners？", DEA Working Papers.

②　Dreher, A. & Poutvaara, P., 2005: "Student Flows and Migration: An Empirical Analysis", CESifo Working Paper Series.

③　李桂娥：《对"人才外流"的经济学思考》，《社会主义研究》2005年第3期。

④　刘艳、陈清华、方福康：《关于人才流失问题的一个讨论》，《北京师范大学学报（自然科学版）》2004年第1期。

⑤　杨玉杰、朱建军：《基于人才回流动因计量的中国人才外流问题研究》，《价值工程》2010年第26期。

⑥　钟水映：《我国人才外流现象的反思与对策》，《中国人才》1999年第11期。

⑦　王德劲：《人才外流促进人力资本积累》，《科研管理》2011年第11期。

⑧　Docquier, F., 2006: "Brain Drain and Inequality Across Nations", IZA Discussion Paper No. 2440.

⑨　Docquier, F. & Rapoport, H., 2007: "Skilled Migration: The Perspective of Developing Countries", The World Bank Policy Research Paper Series No. 3382.

将其视为该国（地区）的流动资产。① 约翰逊和锐盖茨认为，20 世纪 90 年代末，在美国大约一半的来自国外的博士学位获得者在取得学位以后立刻离开美国，还有一部分在美国获得若干年的教学和工作经验以后离开。此外，有许多留在美国的外国人还同其国内的科学家有着密切的网络联系，故这种脑循环给输出国（地区）带来了从高水平人才身上获得回报的机会。② 劳德尔通过整理《自然》和《科学》两本期刊 1980 年至 2002 年发表论文的作者信息，并结合戈登会议对血管紧缩素和振动光谱两个专业的精英人才分布情况的分析，发现美国自 1980 年以来所拥有的精英人才比例没有发生太大变化。那些迁移到美国的精英，通常都是在未成为精英前迁移到美国的，然后在美国成长为精英。而那些离开美国的一般都是已经成为精英的科学家。所以他认为人才流入美国，并没有给其他国家（地区）带来损失。③

尽管发达国家（地区）与发展中国家（地区）在科技精英人才国家（地区）迁移过程中都可能获利，科技精英人才向美国集聚可能会提高全世界的福利，但需要强调的是，发达国家（地区）与发展中国家（地区）在人才国家（地区）迁移中所获得的利益是不同的，发达国家（地区）明显处于有利地位。④ 美国从人才，特别是科技精英人才国家（地区）迁移与集聚中获利是毋庸置疑的。

四、对已有研究的简要评述

已有的关于科技精英人才国家（地区）迁移的研究，大致分为两类：一类从美国的视角，对人才国家（地区）迁移与集聚的趋势、原因、影响进行分析；另一类从输出国（地区）的视角，就本国（地区）人才流失的问题对人才国家（地区）迁移与集聚的趋势、原因、影响进行分析。总体来看，已有的国家（地区）迁移研究缺乏全球的视角，虽然华威大学的学者自称其研究是对全球科技精英人才的分析，但其选样仍旧是以美国为视角，选取在美国的高被引科学家作为研究样本。故这些结论是否能完全代表全球科技精英人才国家（地区）迁移与集聚的情况还有待进一步验证。

---

① Meyer, J. B., 2010: "Network Approach Versus Brain Drain: Lessons from the Diaspora", *International Migration* 39 (5): 91–110.

② Johnson, J. M. & Regets, M. C., 1998: "International Mobility of Scientists and Engineers to the United States: Brain Drain or Brain Circulation？", National Science Foundation.

③ Laudel, G., 2005: "Migration Currents Among the Scientific Elite", *Minerva* 43 (4): 377–395.

④ 雷虹、李锋亮：《国际间人才迁移的经济学》，《清华大学教育研究》2008 年第 3 期。

从研究方法上看，中国学者的研究较多运用定性分析法，而外国学者更多地运用定量分析法，包括统计分析、线性回归分析和逻辑回归分析。本书认为，对科技精英人才国家（地区）迁移与集聚特征和原因的分析需要将定量分析结果作为分析的依据，故本书也将采用定量研究的方法。

从理论依据上看，学者对科技精英人才国家（地区）迁移与集聚的趋势、原因及影响的研究结论，验证了人力资本理论中世界体系理论的观点，即人才呈现从边缘国（地区）向核心国（地区）迁移的现象，其主要原因就是核心国（地区）经济发达对人才有明显的拉力作用，而边缘国（地区）在经济、政治、文化方面对人才迁移产生推力作用。[①] 人力资本理论以收益最大化作为分析推拉力因素的起点，强调国家（地区）之间的经济差异。本书认为，对科技精英人才国家（地区）迁移与集聚的分析以收益最大化为逻辑起点是合理的，但科技精英人才的职业发展有其特殊性，仅以人力资本理论为分析的依据容易忽视科技精英人才的特殊性。故本书认为，应充分考虑科技精英人才职业发展的特性，将优势累积理论纳入推拉力因素的分析框架中。

第三节　科技精英人才机构迁移与集聚研究综述

一、科技精英人才在机构迁移过程中主要呈现向名校集聚的趋势

迄今为止，关于科技精英人才机构迁移趋势的研究相对较少。从现有的研究来看，比较有代表性的是对诺贝尔奖获得者机构迁移趋势的分析，以及对中国科学院和中国工程院院士（也称两院院士）等杰出科技人才机构迁移趋势的分析。而这些分析得出相同的结论，即向名校集聚是科技精英人才机构迁移过程中比较突出的趋势。

朱克曼通过对美国诺贝尔奖获得者和美国国家科学院院士的访谈发现，绝大部分的超级精英仅为一小部分大学所培养。美国有十所学院培养了样本中55%的诺贝尔奖获得者和33%的美国国家科学院院士。[②] 在初职阶段，这些超级精英人才也主要集中到小部分的名牌大学和著名研

---

① Kondakci, Y., 2011: "Student Mobility Reviewed: Attraction and Satisfaction of International Students in Turkey", *Higher Education* 62 (3): 573–592.
② 〔美〕哈里特·朱克曼:《科学界的精英——美国的诺贝尔奖金获得者》,周叶谦、冯世则译,北京,商务印书馆,1979年,第117页。

究机构，且这一集中趋势会随着他们职业的发展进一步加强。有 65% 的诺贝尔奖获得者初职集中在美国的 16 个著名机构，随着职业阶段的发展，这一比例上升到 78%，且这种趋势并不受是否获得诺贝尔奖的影响。① 朱克曼在书中对著名机构做了注释，著名机构指的是 13 所名牌大学，洛克菲勒研究所（后改大学）和洛克菲勒基金会，普林斯顿进修研究所和梅奥附属医院。② 中国学者刘少雪在对 1901 ~ 2008 年诺贝尔物理学奖、化学奖、生理学或医学奖获得者的追溯研究中也发现，每一位诺贝尔奖获得者在职业发展过程中平均发生过 3.2 次职业迁移，而其中 6 所世界一流大学（剑桥大学、哈佛大学、哥伦比亚大学、麻省理工学院、加州大学 – 伯克利、芝加哥大学）是诺贝尔奖获得者职业迁移过程中乐于选择的场所。在所有诺贝尔奖获得者的职业迁移中，选择在这 6 所大学供职者达到了 435 人次，占诺贝尔奖获得者职业迁移总次数的 23%。③

中国科技精英人才的机构迁移也反映出相同的名校集聚特征。曹聪通过对 1955 ~ 1995 年间当选中国科学院院士的中国科技精英人才进行研究，发现 76.6% 的院士毕业于北京大学、南京大学、清华大学、浙江大学、天津大学、复旦大学、武汉大学、同济大学、厦门大学、中山大学等著名大学。④ 白春礼在对中国科学院系统内的两院院士、"百人计划"入选者、国家"973"和"863"计划重大项目负责人等中国杰出科技人才的成长历程分析中发现，中国杰出科技人才主要从国内大学、中国科学院与国外大学三类机构获得博士学位，且毕业于这三类大学的中国杰出科技人才各占 1/3 左右。从具体的学位授予机构来看，授予杰出科技人才博士学位数量较多的机构分别是：清华大学、北京大学、复旦大学、南京大学、中国科学院、中国科学技术大学、东京大学、剑桥大学等。⑤

由此可见，从全世界范围来看，科技精英人才的机构迁移比较一致地

① 〔美〕哈里特·朱克曼：《科学界的精英——美国的诺贝尔奖金获得者》，周叶谦、冯世则译，北京，商务印书馆，1979 年，第 222 ~ 223 页。
② 〔美〕哈里特·朱克曼：《科学界的精英——美国的诺贝尔奖金获得者》，周叶谦、冯世则译，北京，商务印书馆，1979 年，第 221 页。
③ 刘少雪：《大学与大师：谁成就了谁——以诺贝尔科学奖获得者的教育和工作经历为视角》，《高等教育研究》2012 年第 2 期。
④ Cao, C., 1997: "Chinese Scientific Elite: A Test of the Universalism of Scientific Elite Formation", Doctoral Dissertation, Columbia University.
⑤ 白春礼主编：《杰出科技人才的成长历程：中国科学院科技人才成长规律研究》，北京，科学出版社，2007 年，第 19 页。

呈现出向名校集聚的趋势。

二、大学水平是科技精英人才机构迁移与集聚的风向标

大学水平是大学学术能力和办学实力的重要表现，对科技精英人才机构迁移与集聚有着重要的作用。大学水平对科技精英人才机构迁移与集聚的影响，主要体现在两个方面。

第一，大学水平是科技精英人才机构迁移与集聚的指示灯，影响其机构迁移与集聚的方向。高等教育本身就是一个金字塔式的分层系统。[1]机构迁移是层级流动的表现，教师个体的职业动机、科研组织的效能规则、教师资源的分布及阶层化的社会流动驱力，都在引导或加剧高校教师的多向度流动。[2]有学者指出，当前教师的职业流动主要有三种表现：一是大学教师从学术水平低的院校向学术水平高的院校流动，以确保其学术造诣和学术品位的提升；二是大学教师发现一个新的研究领域，从一个专业学术层流动到另外一个专业学术层，以实现其学术更新和学术专业的改变；三是大学教师从学科专业水平较低但是院校水平较高的学校向学科专业水平较高但其院校水平一般的学校流动。[3]大学教师对机构声誉的追求仅次于对工作满意度及意气相投的同事的追求。教师的学术资历和学术成就越高，向较好机构流动的可能性就越大。[4]科瑞恩通过运用重点刊物和非重点刊物、知名荣誉奖励和非知名奖励作为指标对三类不同层次的大学共150名科学家的成就和知名度进行研究，发现在非重点大学接受教育和受雇佣的科学家比在重点大学的科学家，更难继续之前的研究工作。就知名度而言，从属于重点大学的科学家能获得更高的知名度。[5]朱克曼对美国诺贝尔奖获得者的研究及曹聪等对中国科学院院士的分析都发现，这些科技精英人才，从攻读博士学位开始就倾向于向著名机构集中。由此可见，大学的知名度一直都是科技精英人才在机构迁移过程中考虑的主要因素

---

① Wilson, L., 1942: *The Academic Man: A Study in the Sociology of a Profession*, New York: Oxford University Press, at 15–243.

② 乐国林：《高校师资横向流动类型及其多角度剖析》，《湖南师范大学教育科学学报》2005 年第 6 期。

③ 李志峰、杨开洁：《基于学术人假设的高校学术职业流动》，《江苏高教》2009 年第 5 期。

④ Long, J. S., Allison, P. D. & McGinnis, R., 1979: "Entrance into the Academic Career", *American Sociological Review* 44（5）: 816–830.

⑤ Crane, D., 1965: "Scientists at Major and Minor Universities: A Study of Productivity and Recognition", *American Sociological Review* 30（5）: 699–714.

之一。①

第二，大学水平是科技精英人才机构迁移与集聚的助推器，影响了科技精英人才机构迁移与集聚的概率或者说可能性。德巴克瑞尔和拉帕通过对国际上神经网络专业的 700 名科学家进行问卷调查发现，科学家研究生毕业院校的声誉是其毕业五年内学术任命机构的重要参考指标。②朗等对1977 年至 1987 年毕业于通过美国国际商学院协会认证的美国大学的 171位管理学博士的职业研究发现，管理学科的人才招聘反映出博士就读机构的声誉是其早期及以后职业选择的重要影响因素。他们对这一现象的解释是，对这些人才而言，博士就读机构的声誉比学术成就更有助于其成功竞聘某个工作岗位。③埃里森和朗通过对美国某大学物理、化学、数学和生物学专业 1961 年至 1975 年间发生过机构迁移行为的 274 位教师进行问卷调查和简历分析发现，这些教师先前工作的机构声誉、博士就读机构的声誉和迁移到现职前六年发表文章的数量对其现在能进入何种机构有决定性作用。也就是说，对这些教师而言，其博士就读机构或先前工作机构的声誉越高，那么，现阶段，其在更高声誉的机构获得职位的可能性就越大。④科瑞恩对 1963 年至 1966 年间进入美国排名前 20 名的高校任职的教师的职业特征分析研究发现：毕业于声誉较好机构的教师更有机会在美国排名前 20 名的高校任职；而在排名前 20 名的高校任职的教师，其学术上获得成功的可能性要远远高于在排名较低高校任职的教师。因此，科瑞恩认为，对年轻教师来说，获得博士学位的机构声望可以预测其未来的学术成就。⑤可见，即使没有表现出超强的学术能力，博士就读机构的声誉仍会为毕业生的择业提供一个更高的平台和门槛。⑥

① 夏薇、张秀萍:《美国高校师资人才流动机制及对我国的启示》,《北京教育（高教版）》2005 年第 5 期。

② Debackere, K. & Rappa, M. A., 1992: "Scientist at Major and Minor Universities: Mobility Along the Prestige Continuum", *Research Policy* 24 (1): 137–150.

③ Long, R. G., Bowers, W. P. & Barnett, T. et al., 1998: "Research Productivity of Graduates in Management: Effects of Academic Origin and Academic Affiliation", *The Academy of Management Journal* 41 (6): 704–714.

④ Allison, P. D. & Long, J. S., 1987: "Interuniversity Mobility of Academic Scientists", *American Sociological Review* 52 (5): 643–652.

⑤ Crane, D., 1970: "The Academic Marketplace Revisited: A Study of Faculty Mobility Using the Cartter Ratings", *The American Journal of Sociology* 75 (6): 953–964.

⑥ Hargens, L. L. & Hagstorm W. O., 1970: "Sponsored and Contest Mobility of American Academic Scientists", *Sociology of Education* 40 (1): 24–38.

三、科技精英人才机构迁移与集聚对大学水平和个人发展有显著影响

科技精英人才机构迁移与集聚造成了大学发展的"马太效应"，但对个人的职业发展而言是有利的。

从科技精英人才机构迁移与集聚对大学水平的影响来看，理论上讲，机构迁移与集聚能实现人力资源的重新整合和配置[①]，有利于生产力的提高[②]，是社会进步和富有活力的表现。[③]但由于高层次人才积聚的质与量将最终决定大学的水平[④]，同时人才，特别是科技精英人才本身就是稀缺资源，故科技精英人才在某一机构集聚必然引起另一个机构人才缺失，这样就不可避免地拉大不同机构之间发展水平的差距。一所高层次人才云集的院校必然也能得到社会公众的普遍认可，这对于申报院校学科点、博士点、职称评审资格，申获政府财政的支持都大有裨益；同时有利于改善原有的学缘结构，更新教师的知识架构，革新现有的教学科研方法，促进新兴学科、交叉学科领域的科研攻关工作，从而进一步提升院校的知名度。[⑤]反之，人才缺失对院校人才梯队建设的不利影响明显，甚至直接影响一个院校某个学科的办学水平[⑥]，尤其对于那些综合实力较弱的院校，人才缺失使其在竞争中处于更加不利的位置，加剧了院校之间发展的不平衡。

从科技精英人才迁移与集聚对个人发展的影响来看，教师职业迁移是教师职业状态的指示器[⑦]，是教师自身发展的需要，是争取自我实现的必然体现[⑧]，也是学术自由思想的体现[⑨]，教师的能力也会在流动过程中得到提升[⑩]。朱克曼通过对美国诺贝尔奖获得者的经历进行分析认为，在博士阶段

---

① 谢家建：《学术职业流动与学术劳动力市场的相关性研究》，武汉理工大学硕士学位论文，2008 年。
② 曾晓东：《WTO 框架与我国学术劳动力市场建设》，《比较教育研究》2005 年第 6 期。
③ 范笑仙：《高校高层次人才的组织忠诚探析》，《中国高教研究》2005 年第 12 期。
④ 骆腾、李建超、李巧兰：《软环境建设是高校人才工作的根本》，《中国高等教育》2006 年第 Z1 期。
⑤ 陈如辉：《浅谈高校"高层次人才"引进工作》，《学理论》2010 年第 11 期。
⑥ 吴育华、李贵庆、郭均鹏：《高校师资流动管理体制研究》，《内蒙古农业大学学报（社会科学版）》2007 年第 5 期。
⑦ 张立新、魏青云：《职业迁移：教师职业状态的指示器》，《高教探索》2012 年第 1 期。
⑧ 王珂：《高校人力资源优化配置中的合理流动》，武汉理工大学硕士学位论文，2005 年。
⑨ 谢家建：《学术职业流动与学术劳动力市场的相关性研究》，武汉理工大学硕士学位论文，2008 年。
⑩ 李志峰、谢家建：《学术职业流动的特征与学术劳动力市场的形成》，《教育评论》2008 年第 5 期。

集聚于著名机构的经历使得这些诺贝尔奖获得者比其他科学家更有成就。而罗森菲尔德和琼斯通过对 1981 年《美国心理协会目录》中收录的心理学家机构迁移经历进行分析发现，较早的学术机构迁移经历可以增加这些心理学家获得终身制职位的机会。[①] 可见，对个人而言，机构迁移和集聚有助于个人职业发展。

四、对已有研究的简要评述

从已有的关于科技精英人才机构迁移的研究结论上看，名校和科技精英人才机构迁移与集聚有着密不可分的关系。学者们一致认为，名校折射出了科技精英人才机构迁移与集聚的趋势，是影响科技精英人才机构迁移与集聚的主要拉力。本书认为，已有研究对名校的描述是相对模糊的，惯用著名机构、名牌大学等称谓来代替。本书认为，世界大学学术排名是大学水平的一种体现，应将排名运用于科技精英人才的机构迁移与集聚分析中，以验证人才向名校集聚的观点。

从研究对象上看，现有科技精英人才机构迁移与集聚研究的样本选择主要有两类，一类是朱克曼所定义的超级精英，包括诺贝尔奖获得者、美国国家科学院院士和美国国家工程院院士、中国科学院院士和中国工程院院士等；另一类是高等教育机构的教师。本书认为他们的机构迁移与集聚是否能反映全球科技精英人才机构迁移与集聚的特征也是有待进一步验证的。

从理论依据上看，已有关于科技精英人才机构迁移与集聚的研究，验证了优势累积理论的观点，即机构迁移与集聚是人才职业发展的途径，强调了大学的教育质量、师资水平、科研实力、课程设置等对个人和其家庭作出迁移决定的影响。但经济是人类生存和发展的基础，阿特巴赫主编的《变革中的学术职业：比较的视角》写道："当大学教师的工资不足以与其他行业的工资相媲美的时候，高等教育将面临着吸引和留住优秀人才的巨大压力。"[②] 可见，运用优势累积理论对科技精英人才的机构迁移与集聚进行分析，需要考虑经济因素的影响，故本书认为应将人力资本理论纳入分析框架，与优势累积理论相结合对科技精英人才机构迁移与集聚的推拉力因素进行分析。

---

① Rosenfeld, R. A. & Jones, J. A, 1986: "Institutional Mobility Among Academics: The Case of Psychologists", *Sociology of Education* 59（4）: 212–226.

② 〔美〕菲利普·G. 阿特巴赫主编：《变革中的学术职业：比较的视角》，别敦荣主译，青岛，中国海洋大学出版社，2006 年，第 14 页。

综上所述，学者们对科技精英人才国家（地区）迁移与机构迁移的趋势、原因及影响等方面都进行了大量的研究，得出了许多有启示意义的结论。

首先，那些经济发达国家（地区），例如美国必然会形成科技精英人才的集聚。学者从经济、社会、政治、组织、环境等多个维度对人才国家（地区）迁移的趋势进行了分析与预测，美国被认为在多个方面都有吸引人才的拉力，还有一些吸引科技精英人才的特殊拉力。虽然"9·11"事件后，美国对移民进行了限制，加上金融危机的影响，不少评论文章报道说美国出现了人才流失现象，许多已经移民美国的人才又重新离开。但在OECD和部分学者的研究报告中显示，顶尖的科技人才仍旧持续在向美国迁移。在一些学者眼中，美国一直都是科技精英人才国家（地区）迁移最大的受益国。

其次，那些具有国际竞争力的机构，例如名牌大学也会形成科技精英人才的集聚。影响科技精英人才机构迁移的因素有很多，如薪资收入、政治制度与环境、组织特征、个人专业发展。但正如有的学者所言，职业发展是科技精英人才机构迁移的一个重要目的。[1] 因而大学水平是科技精英人才机构迁移过程中考虑的主要因素之一。名牌大学毫无疑问对人才的机构迁移产生了积极的拉力作用，科技精英人才机构迁移过程中呈现向名校集聚的特征是毋庸置疑的。

在一个完全开放的市场经济环境中，科技精英人才的迁移与集聚是资源优化配置的过程，最终会实现所有国家（地区）的均衡发展。但显然在现实中不存在完全开放的市场环境，科技精英人才迁移与集聚必定会对迁入和迁出的国家（地区）或机构产生不同的影响。也正因为如此，科技精英人才迁移与集聚的问题一直受到学者们的广泛关注。但从已有的研究来看，在国家（地区）迁移研究方面，学者们或者对美国的移民情况，或者通过对本国（地区）迁出人才的目的国（地区）情况进行统计来分析人才的国家（地区）迁移特征与趋势；在机构迁移方面，学者们或者对本国（地区）的教师流动的问题进行分析，或者对超级精英的机构分布特征进行统计。总体来说，已有的研究要不就是从单方面迁出或者迁入的角度、要不就是从人口分布的角度，对迁移的整体情况进行分析。本书认为单方面的迁入、迁出或人口的分布并不能完全体现人才迁移的特征，而且，美

---

[1]〔美〕哈里特·朱克曼：《科学界的精英——美国的诺贝尔奖金获得者》，周叶谦、冯世则译，北京，商务印书馆，1979年，第224页。

国的移民特征或者超级精英的迁移情况是否与科技精英人才相似，仍旧是一个值得深入探究的问题。因此本书将以高被引科学家数据库中收录的高被引科学家为样本，综合考虑迁入与迁出的情况，对高被引科学家的国家（地区）迁移与机构迁移的特征进行分析，以此了解科技精英人才的迁移规律。

第三章　研　究　方　法

所谓方法就是人们进行某种活动的法则和规范，是为了达到一定的目的而必须遵循的一般思维方式和行为方式，是研究问题的一般程序和准则。[①] 在社会科学研究领域，根据认识论基础、研究框架、研究规则上的差异，社会科学研究方法通常被概括为两大类：定性研究与定量研究。[②] 不同类型的研究方法又对应着不同的具体研究方法和技术手段。

本书以定量研究为主要方法，具体包括简历分析法和问卷调查法，同时结合个案分析法进行分析。本章旨在对本书所选研究方法进行系统阐述，在明确定量研究为本书主要研究方法的基础上，对选样标准进行说明，重点对简历分析法和问卷调查法的概念、数据采集与统计标准进行界定，对数据结果的效度与信度进行分析。此外，本章将简单介绍个案分析法及本书个案选择的标准。

第一节　研究方法：定量研究法

本书采用定量研究方法，通过对高被引科学家的迁移趋势和集聚特征进行统计分析，来探索科技精英人才的迁移与集聚的趋势和原因，期冀能有效验证迁移理论在解释科技精英人才迁移问题上的有效性与可行性。

"定量研究根源于实证主义，与定性研究相比更接近于科学的方法。定量研究强调的是事实、关系和原因；定量研究者对结果和产品予以极大的重视；而定性研究者比定量研究者更注重过程的影响。"[③] 从本书的研究来看，科技精英人才的迁移和集聚是一个复杂的社会现象，学者基于不同立场对这一现象的理解是迥异的。本书并不是致力于对各种不同的认识和

---

① 杨晓萍主编：《教育科学研究方法》，重庆，西南师范大学出版社，2006年，第5页。

② 张红霞：《教育科学研究方法》，北京，教育科学出版社，2009年，第12页。

③ 〔美〕威廉·维尔斯马、斯蒂芬·G. 于尔斯：《教育研究方法导论》，袁振国主译，北京，教育科学出版社，2010年，第15～16页。

理解进行分析和评价，而是以科技精英人才的迁移与集聚现象为切入点，以问题为导向，就有关因素对科技精英人才迁移与集聚的影响进行系统的探析。故定量研究是比较契合本书的方法，而且通过定量分析，能产生表达社会环境的数字资料。通过对这些数字资料进行统计分析，可以得到一些不受情境影响的结论[①]，有助于更加直观了解和掌握科技精英人才的迁移趋势和集聚特征，也能为相关政策的制定提供客观和可行的建议和意见。

在对人才迁移问题的早期研究中，定量研究方法的运用并不普遍。但近年来，计量学研究越来越得到认可。卡灵顿和德特拉贾凯利用美国人口普查和 OECD 的移民统计计算了 1990 年 61 个发展中国家熟练工人的移民比率。他们被认为是最早运用实证方法研究人才迁移现象的学者，他们的这篇文章开人才迁移定量研究的先河。[②]随后多克奎尔和蒙福特进一步拓展并改进了卡灵顿和德特拉贾凯的工作，重新估计了 1990 年的 170 个国家和 2000 年的 190 个国家熟练工人的移民比率。[③]佩尔森和康格里夫利用 SCI 数据库对 1988 年在英国获得博士学位、2000 年依旧从事本领域研究的科学家的流动性进行了研究。[④]斯蒂芬和莱文[⑤]、伊奥尼迪斯[⑥]、阿里等[⑦]通过对科学家的简历内容进行分析来研究科学家的迁移问题。

劳德尔指出上述定量研究在样本的筛选上虽然存在很多的缺陷和不足，但是利用各种可获得的科学家信息对科学家的迁移情况进行定量研究

---

① 〔美〕梅雷迪斯·S. 高尔、沃尔特·R. 博格、乔伊斯·P. 高尔:《教育研究方法导论》,许庆豫等译, 南京, 江苏教育出版社, 2002 年, 第 27～28 页。

② Carrington, W. J. & Detragiache, E., 1998: "How Big Is the Brain Drain？", IMP Working Paper No. 98/102.

③ Docquier, F. & Marfouk, A., 2004: "Measuring the International Mobility of Skilled Workers (1990–2000)", Policy Research Working Paper Series No. WPS3381, The World Bank, Washington D. C.; Docquier, F. & Marfouk, A., 2006: "International Migration by Educational Attainment (1990–2000)", in Ozden, C. & Schiff, M. eds. *International Migration, Remittances and the Brain Drain*, New York: Palgrave Macmillan, at 151–200.

④ Pierson, A. S. & Cotgreave, P., 2000: "Citation Figures Suggest that the UK Brain Drain Is a Genuine Problem", *Nature* 407 (6800): 13.

⑤ Stephan, P. E. & Levin, S. G., 2001: "Exceptional Contributions to US Science by the Foreign-Born and Foreign-Educated", *Population Research and Policy Review* 20 (1): 59–79.

⑥ Ioannidis, J. P., 2004: "Global Estimates of High-Level Brain Drain and Deficit", *The FASEB Journal* 18 (9): 936–939.

⑦ Ali, S. Carden, G. & Culling, B. et al., 2009: "Elite Scientists and the Global Brain Drain", in Sadlak, J. & Liu, N. C. eds. *The World-Class University as Part of a New Higher Education Paradigm: From Institutional Qualities to Systemic Excellence*, UNESCO-CEPES, at 119–166.

是非常有必要且是非常有效的。[1] 本书将运用定量分析的研究方法，主要是简历分析法和问卷调查法对高被引科学家国家（地区）迁移与机构迁移过程中的集聚特征与原因进行分析，下文将对本书采用的具体研究方法进行详细介绍。

第二节　研究样本选择标准的争论

朱克曼认为人类活动的每一个分支都有一批卓越的个体，他们对科学知识的进步大有作为，他们就是精英。[2] 马尔凯指出，一般在学术科学团体中都有精英存在，大部分高水平科研论文都出自一小部分科学家之手。[3] 而且无论用什么方法测量，科学家的研究产出都是有极大差异的，精英科学家的科研产出要明显高于一般科学家。[4] 可以说，科技精英人才的存在，及其对社会和科技发展的重要作用是得到普遍认可的。

那么，如何确定科技精英人才呢？迄今为止，在人才迁移研究中这仍是一个备受争议的问题。优势累积理论的研究中，研究对象的选择标准是处于科学界分层体系中最顶层的超级精英，例如诺贝尔奖获得者、美国国家科学院院士和美国国家工程院院士、中国科学院院士和中国工程院院士，他们在朱克曼的定义中属于超级精英范畴。马尔凯提出了确定团体中精英的方法，主要分为四个方面：团体中的重要奖励和设施以明显不平等的方式在成员中分配；部分享受特权的成员之间的联系比与其他成员之间的联系紧密；精英成员对团体中的其他成员的活动有控制和指引的能力；已经获得权威地位的成员对团体招聘精英的行为有很大的影响力。[5] 但从具体可操作性的角度来看，在实证研究中确定科技精英人才最常用的方法还是文献计量法。

斯蒂芬和莱文是最早运用文献计量法来确定精英样本的学者，他们研究了对美国科学和工程发展作出卓著贡献的科学家的迁移现象。研究对象

---

① Laudel, G., 2003: "Studying the Brain Drain: Can Bibliometric Methods Help?", *Scientometrics* 57（2）: 215–237.

② 〔美〕哈里特·朱克曼:《科学界的精英——美国的诺贝尔奖金获得者》，周叶谦、冯世则译，北京，商务印书馆，1979年，第12页。

③ Mulkay, M., 1976: "The Mediating Role of the Scientific Elite", *Social Studies of Science* 6（3-4）: 445–470.

④ Allison, P. D., 1980: "Inequality and Scientific Productivity", *Social Studies of Science* 10（2）: 163–179.

⑤ Mulkay, M., 1976: "The Mediating Role of the Scientific Elite", *Social Studies of Science* 6（3-4）: 445–470.

的选择标准是：美国国家科学院院士和美国国家工程院院士、科睿唯安定义的经典论文（即"影响力持久的论文"）的作者、热点论文（近两年出版、在近两个月最受关注的论文）的作者、250 位各领域论文被引次数最多的研究者、专利被引次数最多的作者，以及 1990 年 3 月到 1992 年 11 月间在公开上市的生物技术公司中起关键作用的科学家。[①] 伊奥尼迪斯也采用文献计量法研究了人才流失的程度。他选取了 1981 年至 1999 年间不同学科领域共 1523 位高被引科学家，对其中出生国（地区）和目前所在国（地区）不同的科学家比例进行了统计比较。[②]

当然，这种文献计量法不断受到学者们的质疑。奥斯沃德指出，发表在级别较高期刊上的论文有更高的被引用率，这是没有争议的，但是这不表示发表在核心期刊上的文章就比发表在普通刊物上的更重要，因而他认为用被引用率来表征科学家的学术成就是有偏颇的。[③] 蒂森等通过对 20 世纪 90 年代荷兰被引用次数最高的科研论文信息进行统计分析发现，这些高被引的论文中，仅有 2/3 是关于新发现、新方法、新应用的原创研究，且论文被引用次数和论文作者个人对论文质量的评价也不太一致。由此，他们认为，即使同一水平的高被引论文，在内容和科研质量上也是有显著差异的，因此，高被引论文并不等于能产生普遍、广泛、深入影响的具有突破性和前沿性研究。[④] 劳德尔也提出了一系列采用文献计量法衡量科学成就所存在的问题，包括：以论文质量作为衡量某一位科学家能力的标准是否可信的问题，以及科睿唯安科技数据库中有可能因作者重名带来的影响文献计量准确性的问题。但劳德尔最后也认为当下用文献计量学的方法作为衡量科学成就的标准仍旧是可行的，对于文献计量法有可能存在的问题可以用将被引用数据与其他数据结合的方式来解决。[⑤] 方特斯则认为专利是科学家成就的最好体现，主张选择专利发明人作为科技精英人才的样

① Stephan, P. E. & Levin, S. G., 2001: "Exceptional Contributions to US Science by the Foreign-Born and Foreign-Educated", *Population Research and Policy Review* 20 (1): 59–79.

② Ioannidis, J. P., 2004: "Global Estimates of High-Level Brain Drain and Deficit", *The FASEB Journal* 18 (9): 936–939.

③ Oswald, A. J., 2007: "An Examination of the Reliability of Prestigious Scholarly Journal: Evidence and Implications for Decision-Makers", *Economica* 74 (293): 21–31.

④ Tijssen, R. J. W., Visser, M. & Van Leeuwen, T. N., 2002: "Benchmarking International Scientific Excellence: Are Highly Cited Research Papers an Appropriate Frame of Reference?", *Scientometrics* 54 (3): 381–397.

⑤ Laudel, G., 2003: "Studying the Brain Drain: Can Bibliometric Methods Help?", *Scientometrics* 57 (2): 215–237.

本来研究其职业迁移轨迹。[①]

关于科技精英人才样本选择的标准，学者众说纷纭，但正如伊奥尼迪斯所言："尽管关于被引用分析的局限性及是否能找到一种完美的方法来衡量科学家成就有许多讨论……但被引用次数在表征科学影响力方面确实很有用。"[②] 中国部分学者也认为，论文被引用次数经常被用来评价科研产出的质量，它从一个方面反映了研究机构与个人基础研究方面的实力，也反映了一个国家或机构学术论文的影响力，是评价学术论文质量的重要指标。[③] 同时从数据可获得的便利性来看，运用被引用次数作为选择标准是切实可行的。因此本书主要以科学家论文的被引用次数作为样本的选择标准，将高被引科学家作为科技精英人才的样本，通过对高被引科学家的简历分析和问卷调查探析科技精英人才国家（地区）和机构迁移与集聚的特征与原因。

第三节　简历分析法的运用

一、简历分析法的内涵

简历分析法就是以科学家的履历作为数据来源，对简历中包含的科学家的丰富信息进行编码和分析，同时借助相应的描述统计分析方法，以此为基础来分析科学家的职业发展轨迹、职业特征、流动模式及科技人员个人和组织的评价等问题。[④] 简历分析法是人才政策与科研评价研究中新兴的一种工具与方法，虽然目前使用的范围较小，但其发展迅速。[⑤] 其研究的过程一般包含以下几个步骤：获取简历信息；对简历信息进行编码；区分对照组和控制组；进行描述性统计分析。[⑥]

目前，运用简历分析法来开展对科学家流动模式、职业发展特征与规

① Fontes, M., 2007: "Scientific Mobility Policies: How Portuguese Scientists Envisage the Return Home", *Science and Public Policy* 34（4）: 284-298.

② Ioannidis, J. P., 2004: "Global Estimates of High-Level Brain Drain and Deficit", *The FASEB Journal* 18（9）: 936-939.

③ 余新丽、赵文华、杨颉:《研究型大学基础研究产出比较: 基于"985 工程"高校与 AAU 学术论文的分析》,《复旦教育论坛》2012 年第 6 期。

④ 周建中、肖小溪:《科技人才政策研究中应用 CV 方法的综述与启示》,《科学学与科学技术管理》2011 年第 2 期。

⑤ Cañibano, C. & Bozeman, B., 2009: "Curriculum Vitae Method in Science Policy and Research Evaluation: The State-of-the-Art", *Research Evaluation* 18（2）: 86-94.

⑥ 周建中、肖小溪:《科技人才政策研究中应用 CV 方法的综述与启示》,《科学学与科学技术管理》2011 年第 2 期。

律等问题的研究已经得到学者们的广泛认可。例如琼科思等运用简历分析法分析科技人才流动与国际合作之间的关系[①]，伍尔勒等运用简历分析法对澳大利亚科学家的迁移情况进行分析[②]，雷泊瑞等用简历分析法研究瑞士通讯科学领域科研人员的迁移情况等[③]，耿之雍利用简历分析法分析中国科学院外籍院士群体状况的特征[④]，牛珩等利用简历分析法对中国高层次科技人才的特征进行研究[⑤]，扎西达娃等运用简历分析法对中国少数民族院士群体状态特征进行分析等[⑥]。

关于简历分析法的有效性和可行性，学者们也进行了广泛的论证。戴尔兹等是较早对该方法在研究科学家职业生涯相关问题中的有效性进行详细论述的学者。他们指出，简历不仅被普遍使用，而且在内容方面是标准化的，其包含的教育经历、工作经历、科研成果及学术联系等有用且一致的信息对判断与分析人才的职业生涯发展和流动具有重要作用。而且简历的获取是相对容易的。尽管利用简历对科学家的职业轨迹进行研究存在许多实际问题，例如简历本身及获得简历的途径的有效性、对简历的编码和赋值，但不可否认的是这种方法的使用仍旧是可行的。[⑦]凯利巴诺等也指出以文本的形式记录研究者个人专业活动的东西就是简历，简历分析方法是在当下发展起来的对调查法、文献计量法等最传统的数据资源分析方法的补充，是目前兴起的深入分析科学家活动的一种补充方法。[⑧]而关于获

---

① Jonkers, K. & Tijssen, R. J. W., 2008: "Chinese Researchs Returning Home: Impacts of International Mobility on Research Collaboration and Scientific Productivity", *Scientometrics* 77 (9): 309–333.

② Wolley, R. & Turpin, T., 2009: "CV Analysis as a Complementary Methodological Approach: Investigating the Mobility of Australian Scientists", *Research Evaluation* 18 (2): 143–151.

③ Lepori, B. & Probst, C., 2009: "Using Curricula Vitae for Mapping Scientific Field: A Small-Scale Experience for Swiss Communication Sciences", *Research Evaluation* 18 (2): 125–134.

④ 耿之雍:《基于 CV 分析法的中国科学院外籍院士群体状况特征研究》,《中国高新科技》2008 年第 14 期。

⑤ 牛珩、周建中:《基于 CV 分析方法对中国高层次科技人才的特征研究——以"百人计划""长江学者"和"杰出青年"为例》,《北京科技大学学报（社会科学版）》2012 年第 2 期。

⑥ 扎西达娃、朱军文:《基于 CV 分析方法的我国少数民族院士群体状况特征探析》,《科技管理研究》2014 年第 24 期。

⑦ Dietz, J. S., Chompalov, I. & Bozeman, B. et al., 2000: "Using the Curriculum Vita to Study the Career Paths of Scientists and Engineers: An Exploratory Essessment", *Scientometrics* 49 (3): 419–442.

⑧ Cañibano, C., Otamendi, J. & Andújar, I., 2008: "Measuring and Assessing Researcher Mobility from CV Analysis: The Case of the Ramón y Cajal Programme in Spain", *Research Evaluation* 17 (1): 17–31.

得简历的途径，有学者主张利用百科全书中的记录，有学者主张运用职业申请表信息，有学者主张运用问卷调查[①]，还有学者主张运用网络搜索。总而言之，正如劳德尔总结的，无论通过网络、调查问卷、科学家百科全书、项目申请表哪种方式获得的信息，用科学家的简历对科学家的迁移情况进行定量的研究是非常有必要和非常有效的。[②]

在本书中，简历分析法是最主要的研究方法，通过对高被引科学家的简历进行比较，了解高被引科学家的教育经历和工作经历，从而对其国家（地区）和机构的迁移与集聚特征进行分析。下文将对高被引科学家简历信息的来源进行详细论述。

二、样本的选择及简历信息的来源

科睿唯安是全球专业信息提供与分析服务领域的领导者，其通过提供全面的知识产权与科技信息、决策支持工具及服务，为全球客户的创新与国际化提供强大助力。科睿唯安旗下拥有诸多业界知名品牌，包括科学网平台（Web of Science，含科学引文索引，即 Science Citation Index，简称 SCI）、InCites 平台、德温特创新平台（Derwent Innovation）、Cortellis、ProQuest 等。[③]

Web of Science 是一个基于网络构建的动态的数字研究环境，它通过强大的检索技术和基于内容的连接能力，将高质量的信息资源、独特的信息分析工具和专业的信息管理软件无缝地整合在一起，兼具知识的检索、提取、分析、评价、管理与发表等多项功能。平台上所有数据库中的信息都是经过精心挑选的对研究者有用的出版物和其他学术资源，选择过程毫无偏见，且已历经半个多世纪的考验。在内容上，Web of Science 以 Web of Science 核心合集为核心，有效地整合了技术专利、科研数据、区域性引文、各类专业期刊和会议论文等重要的学术信息资源。

作为 Web of Science 的核心——Web of Science 核心合集，是获取全球学术信息的重要数据库，也是目前全世界公认的最全面、最权威的引文索引平台。它由几个重要数据库组成，包括科学引文索引（Science Citation Index-Expanded，简称 SCIE），该数据库收录了全球自然科学、工

① Debackere, K. & Rappa, M. A., 1992: "Scientist at Major and Minor Universities: Mobility Along the Prestige Continuum", *Research Policy* 24（1）: 137–150.

② Laudel, G., 2003: "Studying the Brain Drain: Can Bibliometric Methods Help?", *Scientometrics* 57（2）: 215–237.

③ https://clarivate.com.cn/，最后访问日期：2023 年 5 月 9 日。

程技术、临床医学等领域内的 178 个学科领域的 9500 多种有影响力的高质量学术期刊，数据最早回溯至 1900 年；社会科学引文索引（Social Sciences Citation Index，简称 SSCI），该数据库收录了 57 个社会科学学科领域 3200 多种期刊，数据最早也可回溯至 1900 年；艺术与人文引文索引（Arts & Humanities Citation Index，简称 A&HCI），该数据库收录了 1800 多种艺术与人文领域的世界权威期刊，覆盖了 25 个学科领域，总记录数超过 537 万多条，总参考文献数超过 5600 万篇；会议论文引文索引（Conference Proceedings Citation Index，简称 CPCI），该数据库收录了自 1990 年以来全球超 20 万种会议文献，涵盖了 250 多个学科领域的 1200 多万条记录，总参考文献数超过 1 亿 3 千多万篇。[①]

Web of Science 还收录了论文中所引用的参考文献，通过独特的引文索引，用户可以用一篇文章、一个专利号、一篇会议文献、一本期刊或者一本书作为检索词，检索它们的被引用情况，轻松回溯某一研究文献的起源与历史，或者追踪其最新进展，可以越查越广、越查越新、越查越深。

基于这一平台，科睿唯安的前身，原汤森路透知识产权与科技事业部在 2000 年开发了高被引科学家数据库。该数据库中收录了自 1980 年以来来自 40 多个国家和地区的 21 个专业领域的论文被引次数最多的科研人员的信息，涉及的专业领域有农业科学、生物学与生物化学、化学、临床医学、计算机科学、生态与环境、经济与管理、工程学、地球科学、免疫学、材料科学、数学、微生物学、分子生物学与遗传学、神经科学、药理学、物理学、动植物科学、心理学与精神病学、社会科学、空间科学等。2011 年之前，该数据库提供了 1980 年至 2011 年部分高被引科学家的简历信息，内容包括个人基本的教育经历、职业经历、获奖经历、科研成果等。本书选取了数据库提供的现职在全球各类高等教育机构工作的高被引科学家作为研究样本，同时以数据库提供的简历信息作为简历分析的依据。截至 2011 年 1 月，该数据库共收录了在全球各类高等教育机构工作的高被引科学家 4601 名。根据该数据库提供的信息，本书共收集到其中 2430 名高被引科学家毕业后第一份工作（简称初职）、现职信息，占总样本数的 52.81%。在具体专业领域，除了临床医学专业，由于该专业的高被引科学家在高等教育机构任职的数量较少，且数据库提供的简历信息不全，有效样本的比例仅为 17.57%，其他专业领域有效样本占总体样本的比例在 50% 左右，具体专业数据分布见表 3-1。

---

① https://clarivate.com.cn/，最后访问日期：2023 年 5 月 9 日。

表 3-1　高被引科学家样本数据专业分布表

专业领域	抽样样本数/人	总样本数/人	抽样比例/%
材料科学	135	223	60.54
地球科学	122	217	56.22
动植物科学	161	242	66.53
分子生物学与遗传学	81	183	44.26
工程学	99	172	57.56
化学	154	217	70.97
计算机科学	124	265	46.79
经济与管理	191	318	60.06
空间科学	99	243	40.74
临床医学	26	148	17.57
免疫学	72	180	40.00
农业科学	94	178	52.81
社会科学	150	285	52.63
神经科学	122	214	57.01
生态与环境	169	255	66.27
生物学与生物化学	73	137	53.28
数学	173	324	53.40
微生物学	91	199	45.73
物理学	97	216	44.91
心理学与精神病学	122	210	58.10
药理学	75	175	42.86
总计	2430	4601	52.81

从人口统计学特征来看，本书所选的样本以男性为主（见图 3-1），且大部分在第二次世界大战之后出生（见图 3-2），虽然在美国之外的地方出生的居多（见图 3-3），但目前大部分都拥有美国国籍（见图 3-4）。

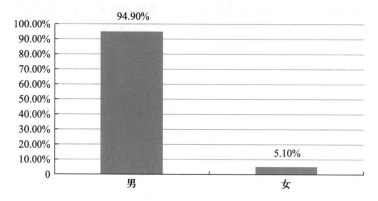

图 3-1　抽样样本的性别分布情况

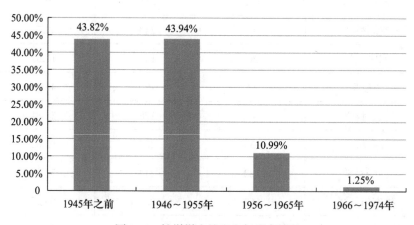

图 3-2　抽样样本的出生年分布情况

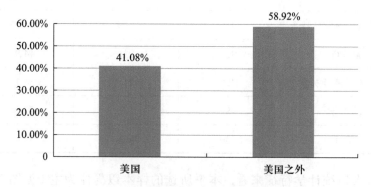

图 3-3　抽样样本的出生地分布情况

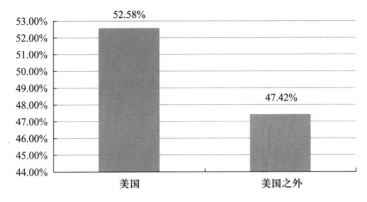

图 3-4　抽样样本的国籍分布情况

三、数据的采集与统计

本书以高被引科学家数据库提供的高被引科学家的通讯单位为其现职单位，并由此来确定其是否在高等教育机构工作。按照在同一时间段，一个人只能在一个地方学习或承担主要工作，且学习或工作时间需在 1 年及以上的原则确定其学士、博士、初职信息。其中，学士和博士信息指的是其最早获得学士学位和博士学位的信息，包括获得学位的时间、机构及国家（地区）；初职信息是指其获得第一个博士学位后的第一份工作，且工作时间在 1 年及以上的工作信息，包括进入初职时间、所在机构及国家（地区）；现职信息是指其当前通讯单位信息，包括最近一次迁入现职单位的时间、现职所在机构及国家（地区）。本书主要就高被引科学家三个阶段的迁移情况进行统计，分别是：学士到博士阶段、博士到初职阶段、初职到现职阶段。

在国家（地区）迁移的研究中，若每个阶段高被引科学家所在国家（地区）发生变化则记为国家（地区）迁移，否则记为未发生国家（地区）迁移。本书主要是对高被引科学家向美国集聚的国家（地区）特征进行分析，故对高被引科学家迁移过程中所涉及的国家（地区）进行了分组，具体分组依据如下：在所收集的高被引科学家所在国家（地区）信息中，除美国外，还涉及全球 51 个国家（地区），而其中有 22 个国家（地区）与美国一起被英国《经济学人》信息部认定为全球创新型国家（地区）。因此本书将美国之外的这 51 个国家（地区）划分为创新型国家（地区）和其他国家两类。此外，在创新型国家（地区）内，英国、加拿大、日本、德国、法国、意大利与美国同是七国集团（简称 G7）的成员国，被认为是全球七个最大的工业国家，为进一步了解这七个国家和其他创新型国家（地区）之间的差异，本书又将除美国之外的创新型国家（地区）分为其他七国集团国家与其他创新型国家（地区）两类，详细国家（地区）分组情况见表 3-2。

表 3-2 高被引科学家国家（地区）迁移所涉及的国家（地区）分组情况表

国家（地区）组	国家（地区）名称	国家（地区）数量/个
美国	美国	1
其他七国集团国家	英国、加拿大、日本、德国、法国、意大利	6
其他创新型国家（地区）	澳大利亚、瑞士、芬兰、爱尔兰、丹麦、瑞典、挪威、奥地利、比利时、荷兰、以色列、新加坡、中国台湾、中国香港、新西兰、韩国	16
其他国家	印度、希腊、匈牙利、南非、巴西、波兰、智利、西班牙、墨西哥、土耳其、伊朗、阿根廷、埃及、俄罗斯、尼日利亚、肯尼亚、乌拉圭、委内瑞拉、巴拿马、黎巴嫩、巴基斯坦、罗马尼亚、葡萄牙、捷克、约旦、沙特阿拉伯、伊拉克、中国、菲律宾	29

在机构迁移研究中，若哪个阶段高被引科学家工作单位发生变化则记为机构迁移，其余则记为未发生机构迁移。为更好地分析高被引科学家名校集聚的特征，本书也将高被引科学家机构迁移过程中所涉及的所有机构进行分类，分类标准为软科世界大学学术排名（ShanghaiRanking's Academic Ranking of World Universities，简称 ARWU）。选择大学排名作为大学分类标准是因为：大学排名是一种能有效比较不同大学的方法[1]，是大学竞争力社会评价指标的一种体现。[2] 虽然有很多关于研究型大学软实力的内容没有或难以通过排名指标体现出来，但是，在技术操作层面上，从大学排名的视角评价研究型大学的国际竞争力具有很好的可行性和有效性。[3] 软科世界大学学术排名于 2003 年由上海交通大学世界一流大学研究中心首次发布，2009 年改为由上海软科发布并保留所有权利。排名自发布以来，综合考虑了大学发展的历史、指标的全球可比性、指标体

---

[1] Dill, D. D. & Soo, M., 2005: "Academic Quality, League Tables, and Public Policy: A Cross-National Analysis of University Ranking Systems", *Higher Education* 49（6）：495-533.

[2] 曲绍卫：《大学竞争力研究：基于新制度经济学分析框架》，北京，教育科学出版社，2008 年，第 23 页。

[3] 王琪、冯倬琳、刘念才主编：《面向创新型国家的研究型大学国际竞争力研究》，北京，中国人民大学出版社，2012 年，第 64 页。

系的稳定性等因素。所选指标共包括四个一级指标和六个二级指标，其中四个一级指标包括教育质量、教师质量、科研成果及师均表现；六个二级指标包括获诺贝尔奖和菲尔兹奖的校友折合数（10%），获诺贝尔奖和菲尔兹奖的教师折合数（20%），各学科领域论文被引用率最高的教师数量（20%），平均每年在《自然》和《科学》刊物上发表的论文折合数（20%），被 SCIE、SSCI、A&HCI 收录的论文数量（20%），上述五项指标得分的师均数量（10%）。[1] 软科世界大学学术排名是全球最具影响力和权威性的大学排名之一。

本书根据 2012 年 ARWU 情况，结合世界大学分类标准 [2] 将所涉及的机构具体分为如下几组："ARWU 1～100 名大学"为"世界一流大学"、"ARWU 101～200 名大学"为"世界知名大学"、"ARWU 201～500 名大学"为"世界著名大学"、未在 ARWU 前 500 名大学之列的归为"其他大学"、其他不属于高等教育系统的机构一律标记为"非大学的其他机构"。

四、样本的效度与信度分析

信度，就是测量的可信性或一致性，也就是说在社会测量中采用相同的方法、指标或"量器"对同一对象或概念、变量重复测量后的结果的稳定性。效度，就是测量的准确性或有效性，也就是说在社会测量中采用的测量方法、指标或"量器"能否准确地测量出概念或变量的特征和内涵。[3] 在实际工作中，如果只是直接运用数据结果进行分析和推断，而未对样本的来源及调查问卷本身进行可信度和有效度的评价分析，必然使得统计分析结果、研究结论的科学性受到影响及质疑。

抽样样本的信度与效度就在于这个样本对于总体样本来说是否有代表性。一般来说，抽样可分为概率抽样与非概率抽样两种。前者依据抽样理论和严格的抽样程序，使总体中每个单元被抽样的概率为已知；后者则是根据研究任务的要求和对研究对象的分析，主观性地选取样本。[4] 本书主要是依据信息的可获得性原则，在 4601 名高被引科学家中抽样出 2430

[1] 刘念才等主编：《世界一流大学：特征·排名·建设》，上海，上海交通大学出版社，2007 年，第 5 页。
[2] 刘念才、程莹、刘莉等：《我国名牌大学离世界一流有多远》，《高等教育研究》2002 年第 2 期。
[3] 仇立平：《社会研究方法》，重庆，重庆大学出版社，2008 年，第 157～158 页。
[4] 杜子芳编著：《抽样技术及其应用》，北京，清华大学出版社，2005 年，第 416 页。

名,从方法上看,是非概率抽样中的方便抽样,即根据调查者方便与否来抽取样本的一种非概率抽样方法。

总体来看,所抽样的2430名高被引科学家,占可抽样总体样本的52.81%。从国家(地区)分布的情况看,总体样本中,现职在美国的高被引科学家有3008人,美国之外的有1593人。抽样样本的国家(地区)分布情况与可抽样总体的分布基本一致,且在美国和美国之外抽取的比例都超过了50%(见表3–3)。

表3–3　抽样样本的国家(地区)分布情况

国家(地区)	抽样样本数/人	总抽样数/人	抽样比例/%
美国	1601	3008	53.22
美国之外国家(地区)	829	1593	52.04
合计	2430	4601	52.81

从机构分布来看,可抽样总体样本中,94.20%的高被引科学家的现职集中在2012年ARWU前500名的大学;而抽样样本中,94.73%的高被引科学家的现职在2012年ARWU前500名的大学。可见,抽样样本与可抽样总体样本的分布是基本一致的。从不同层次大学的抽样比例来看,抽样比例最高的有54.84%,抽样比例最低的也达到了47.94%(见表3–4)。

本书的研究目的及研究内容,主要是从国家(地区)和机构的角度对高被引科学家的职业迁移与集聚的趋势与原因进行分析。而抽样样本在国家(地区)与机构的分布方面,都基本符合可抽样总体样本的分布特征,且在不同分组的抽样比例平均为50%左右。综上所述,本书认为,抽样样本的分析结论可以用来说明整体样本的特征。

表3–4　抽样样本的机构分布情况

机构类型	抽样样本数/人	总抽样数/人	抽样比例/%
2012年ARWU 1～100名	1588	2999	52.95
2012年ARWU 101～200名	380	726	52.34
2012年ARWU 201～500名	334	609	54.84
其他大学	128	267	47.94
合计	2430	4601	52.81

第四节　问卷调查法的运用

一、问卷调查法的内涵

问卷调查法是研究者用统一、严格设计的问卷来收集研究对象相关研究事项的数据资料的一种研究方法。[1] 其被广泛应用于收集那些不能通过直接观察得到的信息资料，主要用来调查人们的情感、动机、态度、成就及经历。[2] 问卷调查的特点主要表现为：标准化，问卷的内容、提问与回答的形式统一；匿名性，被调查者无须署名；间接性，调查者一般不与被调查者见面，而由被调查者自己填写问卷。[3] 因此，问卷调查法的优点比较明显，既可以花费较少的时间和经费在尽可能大的范围内收集资料，也可以避免调查者与被调查者见面可能产生的不利影响。此外，在数据处理方面，只需要利用简单的软件工具就可以完成，方便、客观。当然，问卷调查法也存在缺点，例如"问卷设计比较复杂，回收率和有效率难以保证；双方无法有效沟通，调查难以深入"[4]。

在本书中，问卷调查法是简历分析法的补充，主要是针对简历分析中所选择的高被引科学家样本，就一些与经济和专业发展有关的因素在其作出迁移决定时的影响程度进行调查，为解释简历分析的数据结论提供参考。本书中问卷设计的主要形式为结构型问卷，即把问题的答案事先加以限制的固定作答方法。[5]

二、问卷的设计与发放

人力资本理论认为，影响劳动力流动的决定性因素是经济，然而除受经济动因的影响外，劳动力的流动还不可避免地受到其他非经济因素的影响，具体包括：年龄、家庭、受教育程度、流动距离、失业率、工会力量、国家和地方政策、流入地的环境质量和气候条件、国际环境等。[6] 本书主要是从微观的角度对影响高被引科学家职业迁移的因素进行调查，因

① 毕润成主编：《科学研究方法与论文写作》，北京，科学出版社，2008 年，第 122 页。
② 〔美〕梅雷迪斯·S. 高尔、沃尔特·R. 博格、乔伊斯·P. 高尔：《教育研究方法导论》，许庆豫等译，南京，江苏教育出版社，2002 年，第 243 页。
③ 张克勤：《教师科研：理论与方法》，杭州，浙江大学出版社，2010 年，第 75 页。
④ 丁强主编：《科研方法与学术论文写作》，昆明，云南科技出版社，2008 年，第 42 页。
⑤ 张克勤：《教师科研：理论与方法》，杭州，浙江大学出版社，2010 年，第 75 页。
⑥ 胡学勤：《劳动经济学》，北京，高等教育出版社，2011 年，第 176~179 页。

此，问卷不涉及失业率、工会力量、国家和地方政策、国际环境等因素。

鲍维格和李在对大学毕业生迁移影响因素调查时，引用了托姆普森和布朗对劳动力进入市场的影响因素的分类。在托姆普森和布朗的分类中，他们将影响因素分为四大维度16项指标。鲍维格和李选择了其中的三个维度14项指标，每项指标的科隆巴赫系数均在0.6以上。[①] 可见这14项指标的可信度都比较高，故本书以这14项指标为基础，同时参考了内纳德和赛尔尼在"博士毕业十年后调查"问卷中设计的23个衡量指标[②]，对托姆普森和布朗的14项指标进行了删减和修改，增加了"博士毕业十年后调查"中比较关注的家庭影响这一维度，最终确定了四个维度7项指标（见表3-5），每个指标的影响程度按照五分法，依次分为：非常重要、比较重要、重要、不重要、没有影响。

表3-5 高被引科学家职业迁移影响因素的指标

维度	托姆普森和布朗的指标	本书问卷所选指标
经济因素	薪资收入	薪资水平
	额外福利	—
	工作安全	聘任期限
工作性质	工作的挑战性	
	工作的重要性	
	职业的晋升	职业发展与晋升
	学有所用	
	个人发展	个人专业发展
	受到尊重	
	旅行的机会	—
环境因素	工作环境	工作环境
	优良的团队	机构声誉
	工作的整体性	
	工作的地理位置	—
家庭	—	家庭因素

资料来源：Ballweg, J. A. & Li, L., 1992: "Employment Migration Among Graduates of Southern Land-Grant Universities", *Southern Rural Sociology* 9（1）: 91–102.

注："—"表示该指标未选用。

[①] Ballweg, J. A. & Li, L., 1992: "Employment Migration Among Graduates of Southern Land-Grant Universities", *Southern Rural Sociology* 9（1）: 91–102.

[②] 〔美〕佩吉·梅基、内希·博科斯基：《博士生教育评估——改善结果导向的新标准与新模式》，张金萍、娄枝译，上海，上海交通大学出版社，2011年，第89~102页。

　　问卷初稿完成后，笔者在上海交通大学进行了试验性调查，被调查对象包括部分教授、有海外教育背景和访学经历的青年教师，共 10 人。根据专家意见，经过反复讨论修改，本书最终正式确定的调查问卷共包含 23 道题。其中第 1 题至 11 题为基本信息题，包括专业、性别、出生年、出生国（地区）、当前国籍、当前工作单位性质、当前职称、最高学位、获得最高学位的时间、获得最高学位的机构、初职机构。第 12 题是对影响初职选择的因素的调查。第 13 题至 17 题是对职业生涯中第一次职业迁移的原因的调查。第 18 题至 20 题是对职业迁移次数及结果的调查。第 21 题至 22 题是对影响其当前职业迁移的原因的调查。第 23 题为开放性问题，请被调查者就职业迁移现象做出评价，此题为选做题。

　　正式的调查通过"调查猴子"（SurveyMonkey）网站进行。该网站成立于 1999 年，是美国著名的在线调查系统服务网站，功能强大、界面友好。其提供多种问卷模板，内建的题库模组设计包括单选题、复选题、填空题、下拉选单和评分量表等，除能编制不同题型的题组，还能够将调查结果以 PDF 或者 EXCEL 文件格式存档，方便查阅和统计。

三、问卷回收情况

　　由于高被引科学家数据库提供的科学家的电子邮箱信息缺失，到 2012 年 3 月为止，本书通过调查网站共发放问卷约 1800 份，回收问卷 308 份，回收率为 17.11%。但回收的问卷样本与本书抽样样本在性别、年龄、国家（地区）和机构的分布情况基本一致。

　　（一）性别分布：抽样样本中，男女性别比例基本上是 19∶1，问卷数据的性别分布与抽样样本数据基本一致（见图 3-5）。

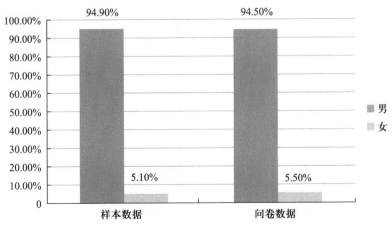

图 3-5　抽样样本与问卷样本的性别分布情况

（二）出生时间分布：从出生时间看，抽样样本中，约 2/5 的高被引科学家出生于第二次世界大战前，约 3/5 的高被引科学家出生于第二次世界大战后。问卷数据与抽样样本数据中，第二次世界大战后出生的高被引科学家的出生时间分布情况基本相似（见图 3-6）。

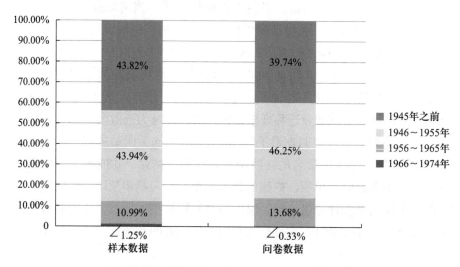

图 3-6　抽样样本与问卷样本的出生年分布情况

（三）博士就读国家（地区）和机构分布：从博士就读国家（地区）分布情况来看，抽样样本中，大约 2/3 的高被引科学家在美国完成博士学位。问卷样本在美国与美国之外的国家（地区）分布情况与抽样样本的分布基本一致（见图 3-7）。从机构分布的情况看，抽样样本中，超过 70% 的高

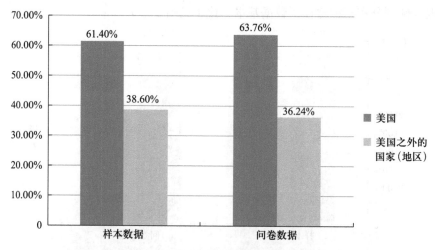

图 3-7　抽样样本与问卷样本博士就读国家（地区）分布情况

被引科学家在 2012 年 ARWU 1～100 名的大学获得博士学位，问卷样本在不同类型机构之间的分布情况也与抽样样本情况基本一致（见图 3-8）。

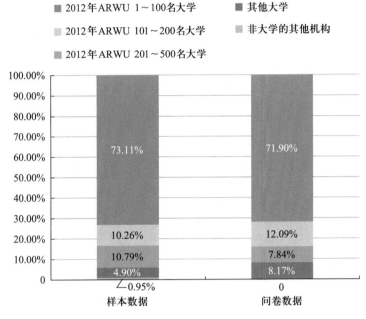

图 3-8　抽样样本与问卷样本博士就读机构分布情况

（四）初职所在国家（地区）与机构分布：从初职所在国家（地区）情况看，抽样样本中，约 2/3 的高被引科学家初职在美国，问卷样本的分布情况与抽样样本的分布相近（见图 3-9）。从初职机构分布情况看，抽

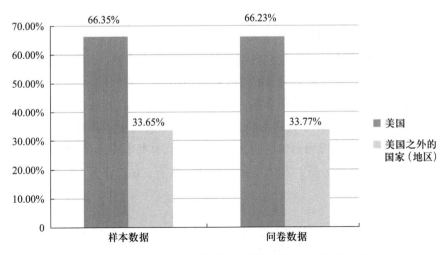

图 3-9　抽样样本与问卷样本初职所在国家（地区）分布情况

样样本中约有一半的高被引科学家在 2012 年 ARWU 1~100 名的大学获得初职，问卷数据在不同类型机构间的分布也基本符合抽样样本的分布特征（见图 3-10）。

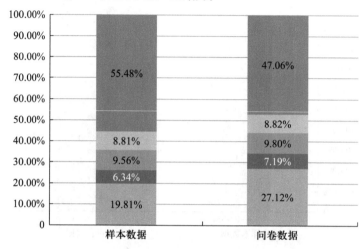

图 3-10　抽样样本与问卷样本初职机构分布情况

综上所述，本书主要是从国家（地区）和机构两个方面对高被引科学家的迁移情况进行分析，从问卷数据在国家（地区）和机构的分布来看，其基本上能够反映抽样样本数据的总体特征，因此，在本书中，问卷数据分析结果具有一定的参考性。

四、问卷数据的统计

统计分析方法是对数字型数据进行分析的数学方法，用途十分广泛，几乎在所有的定量研究和大量的定性研究中得到广泛应用。[1] 统计分析有助于对研究资料进行"简化和描述""可对变量之间的关系进行描述和深入的分析""可通过样本资料推断总体"。[2] 为了获得更多具有统计意义的结论，使问题的分析和对策的提出更加客观，本书主要通过 SPSS19.0 软件完成相关的统计分析，具体用到的统计方法有：方差分析、相关分析及回归分析。

---

① 〔美〕梅雷迪斯·S. 高尔、沃尔特·R. 博格、乔伊斯·P. 高尔：《教育研究方法导论》，许庆豫等译，南京，江苏教育出版社，2002 年，第 144~145 页。
② 刘全编著：《统计数据处理概论》，北京，中国统计出版社，2014 年，第 118 页。

方差分析的目的是"检验不同类别总体中个案在定距变量上的平均取值是否相等。不同类别的均值如果相等，表明类别对定距变量无影响；如果不相等，说明类别可能会对定距变量有影响，定类变量与定距变量之间可能存在相关关系"[1]。且一般来讲，偏离正态性和同方差不多时仍可进行 F 检验，不必使用其他非参数检验。[2] 在本书中，通过对大学分类进行赋值并运用 F 检验对不同层次大学的高被引科学家迁移原因的差异性进行分析，进一步了解机构对迁移与集聚的影响。具体赋值情况为："2012年 ARWU 1～100 名"=1、"2012 年 ARWU 101～200 名"=2、"2012 年 ARWU 201～500 名"=3、"其他大学"=4、"非大学的其他机构"=5。

相关分析是指"用相关统计方法发现变量之间关系的研究"[3]。变量之间的关系是通过一个相关系数值来体现的。当控制变量个数为零，则计算的是零阶相关系数。在本书中，将问卷中各迁移因素的影响程度按照 5 分法，依次赋予"非常重要"到"没有影响"为 5 分到 1 分，运用零阶相关系数对影响迁移各因素之间的关系进行简单分析。

回归分析是社会统计中运用最广泛的统计分析方法之一。它用于分析两个或多个变量之间的关系，并通过回归方程式的形式描述和反映这种关系，帮助人们准确把握一个变量（因变量）受一个或多个变量（自变量）影响的程度，为科学的解释和预测提供依据。[4] 在本书中，将"迁移"定义为因变量"Y"，其中 Y=1 表示发生了迁移，Y=0 则表示没有发生迁移；影响迁移的因素设为自变量"X"，其中 X_1="薪资水平"、X_2="工作环境"、X_3="个人专业发展"、X_4="机构声誉"、X_5="职业发展与晋升"、X_6="家庭因素"、X_7="聘任期限"。由于 X 是定性变量，其赋值是按影响程度被赋予 5 分到 1 分，所以，本书运用逻辑回归分析的方法来分析影响高被引科学家迁移的变量。

五、问卷的信度与效度分析

根据问卷所涉及的研究内容，本书将原变量分为四个维度。第一个维

① 张小山主编：《社会统计学与 SPSS 应用》，武汉，华中科技大学出版社，2010 年，第284 页。
② 〔美〕布莱洛克：《社会统计学》，沈崇麟、李春华、赵平等译，重庆，重庆大学出版社，2010 年，第 202 页。
③ 〔美〕梅雷迪斯·S. 高尔、沃尔特·R. 博格、乔伊斯·P. 高尔：《教育研究方法导论》，许庆豫等译，南京，江苏教育出版社，2002 年，第 338 页。
④ 张小山主编：《社会统计学与 SPSS 应用》，武汉，华中科技大学出版社，2010 年，第319 页。

度是"博士到初职阶段的迁移原因",由 A1 薪资水平、A2 个人专业发展、A3 机构声誉、A4 工作环境、A5 家庭因素、A6 职业发展与晋升 6 个项目组成;第二个维度是"第一次职业迁移原因",由 A7 聘任期满、A8 对原单位薪资不满意、A9 原单位限制了个人的发展、A10 对原单位的声誉不满意、A11 对原单位的工作环境不满意、A12 家庭因素、A13 对原单位的职业发展与晋升不满意、A14 新单位薪资水平高、A15 新单位利于个人专业发展、A16 新单位的声誉更好、A17 新单位的工作环境更好、A18 进入新单位解决了一些家庭问题、A19 新单位有更好的职业发展与晋升 13 个项目组成;第三个维度是"迁移对个人的影响",包括 A20 薪资增加、A21 个人专业得到发展、A22 工作单位的声誉更好、A23 工作环境变好、A24 解决了一些家庭问题、A25 职业得到晋升 6 个项目;第四个维度是"迁入现职的原因",包括 A25 聘任期限、A26 薪资水平、A27 个人专业发展、A28 机构声誉、A29 工作环境、A30 家庭因素、A31 职业发展与晋升 7 个项目。

通过 SPSS19.0 对整个问卷调查的结果进行 KMO 检验,发现 KMO=0.824,巴特利特(Bartlett)球形检验,P=0.000。KMO 统计量是用于检验变量间的偏相关性是否足够小,其取值在 0 至 1 之间,值越大,因子分析的效果越好。Bartlett 球形检验用于检验相关阵是否为单位阵,如果检验结果不拒绝单位阵的假设 P>0.05 时,用因子分析应慎重。本书的检验结果表明问卷资料可以进行因子分析,而且效果比较理想。据此,本书对上述四个维度的问卷调查结果的信度与效度分别进行检验,结果如下。

(一)问卷的信度分析。SPSS19.0 的信度分析结果显示,四个维度的信度系数(α)分别是 0.607、0.804、0.817、0.907,而总量表的信度系数是 0.879(见表 3-6),可见,该问卷的信度是比较令人满意的,问卷研究的结果是可靠的。

表 3-6　高被引科学家职业迁移原因调查问卷的信度分析表

维度	项目数/个	信度系数(α)
博士到初职阶段的迁移原因	6	0.607
第一次职业迁移原因	13	0.804
迁移对个人的影响	6	0.817
迁入现职的原因	7	0.907
总量表	32	0.879

（二）问卷的效度分析。本书对问卷调查结果进行了结构效度分析。结构效度分析主要是通过以下三个标准进行判断：公因子应与问卷设计时的结构假设的组成领域相符，且公因子的累积方差贡献率至少在 40% 以上；每个条目都应在其中一个公因子上有较高负荷值（大于 0.4），而对其他公因子的负荷值则较低。如果一个条目在所有的因子上负荷值均较低，说明其反映的意义不明确，应予以改变或删除；公因子方差均应大于 0.4，该指标表示每个条目上 40% 以上的方差都可以用公共因子解释。[①]

本书的调查问卷效度分析采用主成分分析法（Principal Component Analysis）提取公因子，旋转方法为方差最大法正交旋转，以特征值大于 1 为提取标准来分别分析四个维度，具体结果如下。

对第一个维度"博士到初职阶段的迁移原因"进行因子分析，KMO 值为 0.690，Bartlett 球形检验 Approx. Chi. Square=297.536，df=15，sig.=0.000，说明适合作因子分析。以特征值大于 1 及结合碎石图作为标准进行公因子提取，共提取 2 个公因子，方差解释率为 59.908%，具体见表 3-7。公因子 1 可以解释"A2 个人专业发展""A3 机构声誉""A4 工作环境""A6 职业发展与晋升"等因素，故用"自我实现对迁移的影响"来命名；公因子 2 可以解释"A1 薪资水平""A5 家庭因素"等因素，命名为"生活需求对迁移的影响"。

表 3-7　"博士到初职迁移原因"因子分析旋转成分矩阵

维度	公因子	
	公因子 1	公因子 2
A1	0.092	0.799
A2	0.696	0.118
A3	0.811	−0.088
A4	0.782	−0.175
A5	−0.074	0.812
A6	0.667	0.174

同理，运用同样的方法对其他维度进行检验，结果显示均适合作因子分析。其中"第一次职业迁移的原因"提取了 3 个公因子，分别命名为

[①] 刘朝杰：《问卷的信度与效度评价》，《中国慢性病预防与控制》1997 年第 4 期。

"原单位对迁移的推力影响""新单位对迁移的拉力影响""家庭的影响";"迁移对个人的影响"提取了 2 个公因子，分别命名为"个人需求""家庭需求";"迁入现职的原因"只提取了 1 个公因子，故不重新命名。

由此可见，四个维度的因子分析结果都显示问卷具有良好的结构效度，因此本书问卷调查结果的分析是有效的。

第五节　个案分析法的运用

一、个案分析法的内涵

个案分析法是一种定性研究方法，是根据现象参与者的观点，对自然情境中某一现象的实例进行的深入分析。[①] 个案分析法是重点对某一具体案例进行细致分析的研究，它是在教学中运用最广泛的定性研究方法。而个案分析法的关键在于个案的选择及分析角度的选择，因为一个典型案例有许多方面，如果将重点放在某几个方面，则该个案就更容易被驾驭，更有意义。[②]

在本书中，个案分析法的运用是为了将科技精英人才的迁移规律延伸到实际的运用层面。本书通过对个案国家和地区高被引科学家迁移与集聚的原因进行分析，探索可供中国借鉴的人才集聚的模式，同时通过对中国高被引科学家迁移与集聚的现状与问题的分析，探索出有助于中国吸引科技精英人才集聚的建议与办法。

二、个案的选择

基于个案分析的目的，本书对个案的选择是以高被引科学家国家（地区）迁移数据分析结果为基础的。在高被引科学家初职到现职阶段的国家（地区）迁移过程中，出现了从美国向其他国家（地区）迁移与集聚的现象，这些从美国迁出的高被引科学家，迁入到全球 13 个国家和地区。通过对这 13 个国家和地区进行筛选，本书最终选择了沙特阿拉伯、中国香港和中国台湾这三个国家和地区开展个案分析。

中国香港和中国台湾虽因为历史和地理的原因与中国内地（大陆）呈

---

① 〔美〕梅雷迪斯·S. 高尔、沃尔特·R. 博格、乔伊斯·P. 高尔:《教育研究方法导论》，许庆豫等译，南京，江苏教育出版社，2002 年，第 448 页。
② 〔美〕梅雷迪斯·S. 高尔、沃尔特·R. 博格、乔伊斯·P. 高尔:《教育研究方法导论》，许庆豫等译，南京，江苏教育出版社，2002 年，第 449 页。

现出不同的经济科技发展态势，但从文化和历史渊源来讲，它们的经验更容易被中国内地（大陆）理解和接受，且由于语言的便利，高被引科学家数据库中所不能详尽的信息更方便被搜索和整理。之所以选择沙特阿拉伯，是因为沙特阿拉伯与中国都不是创新型国家，但沙特阿拉伯是极少数的高被引科学家从美国逆向集聚的受益国（地区）之一，其异军突起受到广泛的关注，也能为中国提供可以借鉴的经验。

三、个案信息的收集与分析

在选定个案之后，本书对高被引科学家数据库重新进行检索，得出截至 2013 年 12 月集聚于中国香港的高被引科学家有 22 人，集聚于中国台湾的高被引科学家有 19 人，集聚于沙特阿拉伯的高被引科学家有 29 人，集聚于中国内地（大陆）的高被引科学家有 8 人。由于高被引科学家数据库自 2011 年 12 月开始不再提供高被引科学家的简历信息，故本书根据维基百科和相关大学官网公布的信息对该时期集聚于中国香港、中国台湾和沙特阿拉伯的高被引科学家简历进行了补充和完善，具体信息包括专业、入职年份、职称晋升年份等。本书对这些高被引科学家出生地、受教育的机构及其所在地、迁入现职机构的时间和职称、迁入途径等进行统计分析。

个案信息的分析仍旧运用简历分析法，通过对中国香港、中国台湾、沙特阿拉伯高被引科学家简历进行更详细的分析，从经济、历史发展、政策变更等几个方面推理出中国香港、中国台湾和沙特阿拉伯科技精英人才迁移与集聚的共性特征。

在科睿唯安公布的 2017 年高被引科学家名单中，中国内地（大陆）、中国香港、中国澳门共入选 265 人次，首次突破 200 人次，其中中国内地（大陆）215 人次，中国香港 31 人次，中国台湾和中国澳门分别入选 16 人次和 3 人次。在这些入选的高被引科学家中，就职于中国内地（大陆）高校的共计 147 人。[①] 从 2013 年到 2017 年，中国内地（大陆）高校的高被引科学家数量增长呈现井喷现象，故本书将高被引科学家集聚于中国内地（大陆）高校的情况单独成立一章进行分析。由于版权的因素，科睿唯安和软科都不再公开提供高被引科学家的简历信息，因此本书只能通过网络搜索对这 147 名集聚于中国内地（大陆）高校的高被引科学家信息进行

---

① 《2017 年中国大陆高校"高被引科学家"完整名单》，https://mp.weixin.qq.com/s/To61qqet356BPTIpGDkY1g，最后访问日期：2023 年 4 月 20 日。

采集与统计，实际采集到有效信息的人数为 144 人。2017 年中国内地（大陆）高校的高被引科学家人数已经远远超过中国香港和中国台湾，但由于中国台湾和中国香港的高被引科学家群体数量呈现一种比较稳定的状态，故本书认为，中国台湾和中国香港的案例分析依旧是有借鉴意义的。

第六节　研究方法的局限性

本书研究方法的局限性主要表现在以下几个方面。

首先，数据库本身的局限性。高被引科学家数据库对一篇高被引论文多作者的情况没有进行区分；数据库自建立开始，收录的高被引科学家数量只增不减，对于已经进入数据库的科学家之后是否还是高被引科学家无法确认；此外，自 2011 年 12 月开始，在网站上不再公布高被引科学家的简历信息。随后科睿唯安也只发布高被引科学家的名单信息，而由于网络的限制，通过各种搜索引擎可获得的信息不完整且存在错误，这对于样本的更新及简历信息采集的准确性带来一定的困难。

其次，简历分析法的局限性。本书以高被引科学家为具体对象，简历记录了其教育、学术、职业发展、个人成就等丰富的信息，已有的研究也表明，以简历为基础来分析科技精英人才的职业发展轨迹、职业迁移特征是非常有效的，但简历分析法本身仍旧有很多方法层面的问题需要克服，包括简历的可获得性问题、准确性问题和简历的编码问题等。[1]

最后，问卷调查的局限性。本书的问卷调查主要通过网络的形式发放，无法面对面地沟通，缺乏深入的定性分析。

综上所述，科技精英人才的迁移本身是一个十分复杂的问题，本书从迁移理论的指导出发，主要就国家（地区）与机构两方面，对高被引科学家迁移与集聚的趋势与原因进行分析，在研究方法的选择上难免会受到本书作者主观性的影响，不可避免地存在一些局限性和有待完善之处。

---

[1] 周建中、肖小溪：《科技人才政策研究中应用 CV 方法的综述与启示》，《科学学与科学技术管理》2011 年第 2 期。

第四章 国家（地区）迁移：
高被引科学家向美国集聚的现状与原因分析

　　本书中的国家（地区）迁移研究主要是对科技精英人才国家（地区）层面的职业迁移特征及原因的分析。随着全球化和国际化的发展，人才在人类社会发展与进步中的作用越来越凸显，特别是 19 世纪以来，人才的迁移经常成为带动世界经济与科技中心转移的重要变量之一。[①] 因而，人才国家（地区）迁移研究成为人才迁移问题研究中非常受关注的话题之一。已有的研究表明，美国被认为是人才国家（地区）迁移的最终目的国，这些人才已成为美国科技快速发展的最重要的支撑。[②]

　　本章将对高被引科学家国家（地区）迁移过程中向美国集聚的特征与原因进行分析，其中着重对高被引科学家学士到博士、博士到初职、初职到现职三个阶段向美国集聚的状况进行研究，并结合相应的问卷调查结果试析形成不同阶段国家（地区）迁移与集聚的原因。

第一节 高被引科学家国家（地区）迁移的特征分析

　　从市场配置人力资源的基本规律来说，科技精英人才总会流向那些能为人才提供较高收入与发展平台的国家（地区）。美国在第二次世界大战之后成为世界科技中心，它不仅有庞大的科研投入与雄厚的基础设施，而且在态度上重视人才、制度上重用人才、环境上包容人才。从本章对高被引科学家国家（地区）迁移情况的分析来看，高被引科学家向美国集聚呈现阶段性的特征。

[①] 刘少雪主编：《面向创新型国家建设的科技领军人才成长研究》，北京，中国人民大学出版社，2009 年，第 1 页。

[②] Saint-Paul, G., 2004: "The Brain Drain: Some Evidence from European Expatriates in the United States", IZA Discussion Paper No. 1310.

一、高被引科学家主要分布在美国和部分创新型国家（地区）

在本书所选样本中，高被引科学家在学士、博士、初职、现职阶段主要分布在美国和部分创新型国家（地区）。高被引科学家在学士、博士、初职、现职阶段集中在美国的人数所占比例分别是：54.24%、61.40%、66.35%、65.88%；集中在美国之外的创新型国家（地区）的人数所占比例分别是：37.72%、35.89%、31.07%、31.98%；而集中在其他国家的人数所占比例仅为：8.06%、2.72%、2.59%、2.14%（见表4-1）。虽然，有学者的研究指出，在一个没有足够大的本地科学家群体的国家（地区），科技精英人才的流失率是非常高的[①]，但从全球范围来看，正是由于没有足够大的本地科技精英人才群体，该国（地区）的科技精英人才的迁出率是比较小的，因而对全球科技精英人才国家（地区）迁移与集聚趋势影响不大。

表4-1　高被引科学家在不同阶段在不同国家（地区）组的分布比例

类别	学士阶段/%（人数/人）	博士阶段/%（人数/人）	初职阶段/%（人数/人）	现职阶段/%（人数/人）
占有效样本总数比例	100（2135）	100（2430）	100（2430）	100（2430）
美国占有效样本总数比例	54.24（1158）	61.40（1492）	66.35（1612）	65.88（1601）
其他七国集团国家占有效样本总数比例	24.92（532）	24.49（595）	21.28（517）	19.92（484）
其他创新型国家（地区）占有效样本总数比例	12.79（273）	11.40（277）	9.79（238）	12.06（293）
其他国家占有效样本总数比例	8.06（172）	2.72（66）	2.59（63）	2.14（52）

二、高被引科学家在职业发展的每个阶段都有国家（地区）迁移情况发生

从历史发展的角度看，学生、学者和科学家在国家（地区）之间的迁移是一个持久的现象。[②] 可以说，在教育和职业生涯的每个阶段，都存在

① Ioannidis, J. P., 2004: "Global Estimates of High-Level Brain Drain and Deficit", *The FASEB Journal* 18（9）：936–939.

② Gaillard, J. & Gaillard, A. M., 1997: "Introduction: The International Mobility of Brains: Exodus or Circulation? ", *Science*, *Technology & Society* 2（2）：195–228.

大量人才外流的情况。[①] 对科技精英人才而言也一样，国家（地区）迁移
的情况发生在其从接受本科教育到成长为顶尖的、有国际影响力的科学家
的每个阶段。[②] 高被引科学家的国家（地区）迁移情况也符合这一规律，
在所选的高被引科学家样本中，他们在学士到博士、博士到初职、初职到
现职各个阶段都有国家（地区）迁移的情况发生，各个阶段国家（地区）
迁移比例分别是 20.05%、22.10%、24.61%（见图 4-1），且呈现稳步增长
的趋势。

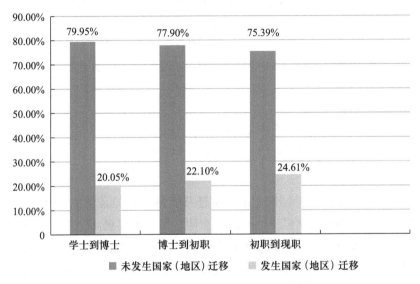

图 4-1　高被引科学家国家（地区）迁移情况

三、高被引科学家向美国集聚呈阶段性特征

在所选样本中，不同阶段高被引科学家向美国集聚的比例呈阶段性
下降的趋势（见图 4-2）。学士到博士阶段，迁入美国的高被引科学家
比例与从美国迁出的比例之差为 63.56%；博士到初职阶段，这一差值为
22.91%；而到了初职到现职阶段，这一差值为-1.51%。可见，高被引
科学家国家（地区）迁移的频率在不断增加，但向美国集聚的情况与此
相反。

---

① Ali, S. Carden, G. & Culling, B. et al., 2009: "Elite Scientists and the Global Brain Drain", in Sadlak, J. & Liu, N. C., *The World-Class University as Part of a New Higher Education Paradigm: From Institutional Qualities to Systemic Excellence*, UNESCO-CEPES, at 119–166.

② Ioannidis, J. P., 2004: "Global Estimates of High-Level Brain Drain and Deficit", *The FASEB Journal* 18（9）: 936–939.

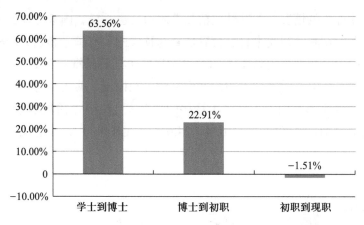

图 4-2　高被引科学家不同阶段国家（地区）迁移过程中向美国集聚的情况

第二节　学士到博士阶段高被引科学家
向美国集聚的特征与原因分析

学士到博士阶段的国家（地区）迁移实际上指的是学生的国际流动，也可以说是学生的留学经历。有研究表明，留学可以提高个体的国际化水平，帮助个体更好地应对职业生涯中有关国际化方面的问题，进而有助于其职业的发展，留学也能增加个体在海外工作的可能性。[①] 因而，为了获得更好的教育回报，学生普遍倾向于从教育欠发达的地区迁移到教育发达的地区去攻读博士学位。[②] 美国在全世界范围内属于教育发达的国家，因而在学士到博士阶段人才的国家（地区）迁移过程中，美国成为全世界集聚人才最多的国家。而本书的研究数据也显示，高被引科学家主要是从部分创新型国家（地区）向美国集聚。

一、学士到博士阶段是高被引科学家向美国集聚的主要阶段

在所选样本中，20.05% 的高被引科学家在学士到博士阶段发生了国家（地区）迁移。其中从美国迁出的比例为 8.64%，迁入美国的比例为 72.20%。因此，在这一阶段的迁移过程中，美国集聚了 63.56% 的未来的

①　González，R. C.，Mesanza，B. R. & Mariel，P.，2011："The Determinants of International Student Mobility Flows：An Empirical on the Erasmus Programme"，*Higher Education* 62（4）：413-430.

②　Ferriss，A. L.，1965："Predicting Graduate Student Migration"，*Social Forces* 43（3）：310-319.

高被引科学家。而与此同时，全球大部分国家（地区）的高被引科学家迁出的比例都大于迁入的比例，其中印度是净迁出率最大的国家，迁入与迁出比例之差为−12.15%（见图4-3）。

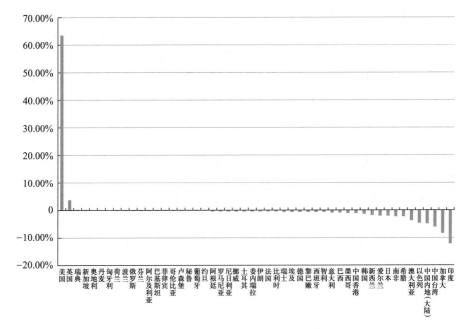

图4-3　高被引科学家学士到博士阶段国家（地区）迁移的集聚情况

从国家（地区）分组的情况看，美国也是高被引科学家从学士到博士阶段国家（地区）迁移过程中唯一形成了高被引科学家集聚的国家；美国之外的创新型国家（地区）组和其他国家组，高被引科学家迁入与迁出比例之差基本相同，分别是−31.54%和−32.01%（见表4-2）。

表4-2　学士到博士阶段高被引科学家在不同国家（地区）组的集聚情况

国家（地区）组	迁入与迁出比例之差/%（人数之差/人）	迁入比例/%（人数/人）	迁出比例/%（人数/人）
美国	63.56（272）	72.20（309）	8.64（37）
其他七国集团国家	−8.88（−38）	20.33（87）	29.21（125）
其他创新型国家（地区）	−22.66（−97）	6.78（29）	29.44（126）
其他国家	−32.01（−137）	0.70（3）	32.71（140）

注：迁入比例＝该阶段迁入该国家（地区）组的人数/该阶段发生国家（地区）迁移的总人数 ×100%；迁出比例＝该阶段从该国家（地区）组迁出的人数/该阶段发生国家（地区）迁移的总人数 ×100%。

就学士到博士阶段国家（地区）迁移过程中高被引科学家向美国集聚的情况看，迁入美国的高被引科学家中的 61.81% 来自美国之外的创新型国家（地区）；而从美国迁出的高被引科学家 100% 迁移到了这些创新型国家（地区）。因而，从集聚来看，向美国集聚的高被引科学家中的 56.61% 来自美国之外的创新型国家（地区）（见表 4-3）。由此可见，学士到博士阶段，高被引科学家国家（地区）迁移与集聚主要发生在美国和美国之外的创新型国家（地区）之间，且高被引科学家从其他七国集团国家和其他创新型国家（地区）向美国集聚的情况基本相似，下文将对这些分组的具体情况做进一步详细分析。

表 4-3　学士到博士阶段高被引科学家从不同国家（地区）组向美国集聚的情况

国家（地区）组	集聚比例/%（人数/人）	迁入比例/%（人数/人）	迁出比例/%（人数/人）
其他七国集团国家	27.57（75）	33.01（102）	72.97（27）
其他创新型国家（地区）	29.04（79）	28.80（89）	27.03（10）
其他国家	43.38（118）	38.19（118）	0
总计	100（272）	100（309）	100（37）

注：集聚比例=［该阶段从该国家（地区）组迁入美国的人数－该阶段从美国迁入该国家（地区）组的人数］/该阶段集聚于美国的总人数×100%；迁入比例=该阶段从该国家（地区）组迁入美国的人数/该阶段迁入美国的总人数×100%；迁出比例=该阶段从美国迁入该国家（地区）组的人数/该阶段从美国迁出的总人数×100%。

二、学士到博士阶段其他七国集团国家的高被引科学家都呈现向美国集聚的现象

在所选样本中，学士到博士阶段迁入美国的 309 位高被引科学家中，有 33.01% 是从其他七国集团国家迁入美国的；而从美国迁出的 37 位高被引科学家中，有 72.97% 迁入其他七国集团国家；该阶段集聚于美国的高被引科学家有 272 人，其中 27.57% 是从其他七国集团国家集聚到美国的（见表 4-4）。

从表 4-4 还可以看出，在具体国家层面，学士到博士阶段其他七国集团国家都呈现高被引科学家向美国集聚的现象，而其中向美国集聚高被引科学家人数最多的是加拿大和英国，共占该阶段集聚于美国的高被引科学家总数的 20.95%。

表4-4　学士到博士阶段高被引科学家从其他七国集团国家向美国集聚的情况

国家名称	集聚比例/%（人数/人）	迁入比例/%（人数/人）	迁出比例/%（人数/人）
加拿大	15.44（42）	16.50（51）	24.32（9）
英国	5.51（15）	10.36（32）	45.95（17）
日本	2.94（8）	2.59（8）	0
法国	1.84（5）	1.94（6）	2.70（1）
意大利	1.47（4）	1.29（4）	0
德国	0.37（1）	0.32（1）	0
总计	27.57（75）	33.01（102）	72.97（27）

注：集聚比例=（该阶段从该国家迁入美国的人数－该阶段从美国迁入该国家的人数）/该阶段集聚于美国的总人数×100%；迁入比例=该阶段从该国家迁入美国的人数/该阶段迁入美国的总人数×100%；迁出比例=该阶段从美国迁入该国家的人数/该阶段从美国迁出的总人数×100%。

三、学士到博士阶段其他创新型国家（地区）的高被引科学家大体呈现向美国集聚的现象

在所选样本中，学士到博士阶段迁入美国的高被引科学家中的28.80%来自其他创新型国家（地区）；而从美国迁出的高被引科学家中的27.03%迁入其他创新型国家（地区）。故集聚美国的高被引科学家中的29.04%是从这一国家（地区）组向美国集聚的（见表4-5）。

从表4-5还可以看出，在具体国家（地区）层面上，其他创新型国家（地区）总体也呈现向美国集聚的现象，中国台湾、以色列和澳大利亚成为其中向美国集聚的高被引科学家人数最多的国家（地区）。学士到博士阶段集聚美国的高被引科学家中的20.59%来自中国台湾、以色列和澳大利亚这三个国家（地区）。

表4-5　学士到博士阶段高被引科学家从其他创新型国家（地区）向美国集聚的情况

国家（地区）名称	集聚比例/%（人数/人）	迁入比例/%（人数/人）	迁出比例/%（人数/人）
中国台湾	9.56（26）	8.41（26）	0
以色列	6.62（18）	6.47（20）	5.41（2）
澳大利亚	4.41（12）	5.18（16）	10.81（4）

续表

国家（地区）名称	集聚比例/% （人数/人）	迁入比例/% （人数/人）	迁出比例/% （人数/人）
韩国	2.21（6）	1.94（6）	0
中国香港	1.84（5）	1.62（5）	0
爱尔兰	1.47（4）	1.29（4）	0
瑞士	1.10（3）	0.97（3）	0
挪威	0.74（2）	0.65（2）	0
新西兰	0.74（2）	0.65（2）	0
荷兰	0.37（1）	0.65（2）	2.70（1）
芬兰	0.37（1）	0.32（1）	0
比利时	0	0.32（1）	2.70（1）
丹麦	0	0.32（1）	2.70（1）
新加坡	−0.37（−1）	0	2.70（1）
总计	29.06（79）	28.79（89）	27.02（10）

注：集聚比例＝［该阶段从该国家（地区）迁入美国的人数－该阶段从美国迁入该国家（地区）的人数］/该阶段集聚于美国的总人数×100%；迁入比例＝该阶段从该国家（地区）迁入美国的人数/该阶段迁入美国的总人数×100%；迁出比例＝该阶段从美国迁入该国家（地区）的人数/该阶段从美国迁出的总人数×100%。

四、学士到博士阶段高被引科学家向美国集聚的原因分析

在学士到博士阶段的迁移过程中，高被引科学家呈现向美国集聚的趋势，这与华威大学学者的分析结论相似。2007年，华威大学学者选择了全美排名前十的经济系，收集到其中112名助理教授的简历。经过研究发现，这些经济系的助理教授中仅有25%在美国获得学士学位，但有87%在美国获得博士学位。[1] 可见，学士到博士阶段向美国集聚是科技精

---

[1] Ali, S. Carden, G. & Culling. B. et al., 2009: "Elite Scientists and the Global Brain Drain", in Sadlak, J. & Liu, N. C., *The World-Class University as Part of a New Higher Education Paradigm: From Institutional Qualities to Systemic Excellence*, UNESCO-CEPES, at 119–166.

英人才共同的迁移趋势。

　　本书对学士到博士阶段国家（地区）迁移过程中，集聚于美国的高被引科学家在美国的机构分布特征进行分析，发现 2012 年 ARWU 1～100 名的美国大学，成为吸引高被引科学家人数最多的机构。学士到博士阶段，309 名迁入美国的高被引科学家中，有 86.41% 迁入 2012 年 ARWU 1～100 名的美国大学，有 4.85% 迁入 2012 年 ARWU 101～200 名的美国大学，有 7.12% 迁入 2012 年 ARWU 201～500 名的美国大学，有 1.62% 迁入 2012 年 ARWU 500 名之外的美国大学。同时，在 37 名从美国迁出的高被引科学家中，有 51.35% 从 2012 年 ARWU 1～100 名的美国大学迁出，有 5.41% 从 2012 年 ARWU 101～200 名的美国大学迁出，有 18.92% 从 2012 年 ARWU 201～500 名的美国大学迁出，有 24.32% 从 2012 年 ARWU 500 名之外的美国大学迁出。故在这一阶段的国家（地区）迁移过程中，集聚于美国的高被引科学家中的 91.18% 集聚于 2012 年 ARWU 1～100 名的美国大学。且在这些大学中，高被引科学家集聚人数排名前十名的大学分别是：加州大学－伯克利、斯坦福大学、哈佛大学、麻省理工学院、康奈尔大学、加州大学洛杉矶分校、耶鲁大学、芝加哥大学、伊利诺伊大学厄巴纳－香槟分校、普林斯顿大学。这十所美国的大学共集聚了 139 名高被引科学家，占集聚于美国的高被引科学家总数的 51.10%，并且这十所大学在《泰晤士高等教育》及 QS 公司发布的世界大学排名中，也都是排名前 100 名的大学。[1] 可见，高被引科学家在学士到博士阶段由各类不同的国家（地区）向美国集聚，美国世界一流大学是最主要的人才集聚平台。

　　本书的问卷设计中没有对这一阶段的迁移原因进行调查。从已有的有关学生流动原因的研究来看，学生选择流动是众多来自输出国（地区）的"推力"和输入国（地区）的"拉力"共同作用的结果。而其中输出国（地区）与输入国（地区）之间的经济和社会环境的差异是主要推力，学生对输入国（地区）的认知程度及输入国（地区）高等教育机构在全球教育市场中的优势地位是起决定性作用的拉力。[2] 美国无论教育体系的规模，还是教育质量，都可以称得上是世界高等教育强国。因此，对计划出国攻读博士学位的学生而言，美国成为其首选国也就不足为奇了。

---

[1]　饶燕婷、王琪：《走进世界名校：美国》，上海，上海交通大学出版社，2012 年，第 176 页。

[2]　Mazzaral, T. & Soutar, G. N., 2002："'Push-Pull' Factors Influencing International Student Destination Choice", *International Journal of Educational Management* 16（2）: 82–90.

第三节　博士到初职阶段高被引科学家
向美国集聚的特征与原因分析

　　国外许多学者运用各种人力资本投资模型从理论上证明了人才迁移会随着教育程度的提高而增加，迁移与受教育程度之间存在正相关关系。[①]教育水平对迁移比例具有正面影响的原因可能是个人受教育的水平对其迁移决策产生了显著影响。具体来说，个人受教育机会越多，其就业机会也越多，且通过接受教育个人能减少传统观念和家庭的影响，从而减轻个人对家乡的留恋程度，同时有助于加强对异地的认同感。这些都进一步促成了迁移。[②]高被引科学家大多都是博士学位获得者，按照学者们的观点，应该是具有高流动性的群体。他们在博士到初职阶段国家（地区）迁移过程中仍旧呈现出向美国集聚的趋势，但在不同国家（地区）组，高被引科学家向美国集聚的情况存在差异。

一、博士到初职阶段高被引科学家总体仍呈现向美国集聚的特征

　　博士到初职阶段国家（地区）迁移过程中，美国仍旧是集聚高被引科学家最多的国家，但与学士到博士阶段向美国集聚的人数比例相比较，集聚趋势有所减弱。在所选样本中，高被引科学家博士到初职阶段发生国家（地区）迁移的总体比例为22.10%，略高于学士到博士阶段发生国家（地区）迁移的比例。但就美国而言，该阶段迁入美国的高被引科学家有261人，占该阶段发生国家（地区）迁移总人数的48.60%，而从学士到博士阶段，这一比例为72.20%；而从美国迁出的高被引科学家有138人，占该阶段发生国家（地区）迁移总人数的25.70%，而从学士到博士阶段，这一比例为8.64%。集聚美国的高被引科学家人数从学士到博士阶段的272人减少为从博士到初职阶段的123人，所占比例从63.56%下降到22.90%。从博士到初职阶段，英国成为净迁出率最高的国家，高被引科学家迁入英国与从英国迁出的比例之差为-14.53%（见图4-4）。

　　从国家（地区）分组的情况看，美国仍是在博士到初职阶段国家（地区）迁移过程中唯一形成了高被引科学家集聚的国家；美国之外的国家

① Sjaastad, L. A., 1962: "The Costs and Returns of Human Migration", *Journal of Political Economy* 70（5）: 80–93.

② Greenwood, M. J., 1969: "An Analysis of the Determinants of Geographic Labor Mobility in the United States", *The Review of Economics and Statistics* 51（2）: 189–194.

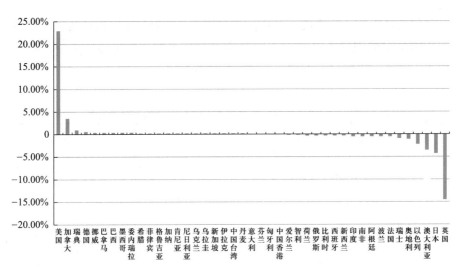

图4-4　高被引科学家博士到初职阶段国家（地区）迁移过程中国家（地区）的集聚情况

（地区），高被引科学家迁出的总体比例为 74.30%，迁入的总体比例为 51.40%（见表4-6）。

表4-6　博士到初职阶段高被引科学家在不同国家（地区）组的集聚情况

国家（地区）组	迁入与迁出比例之差/% （人数之差/人）	迁入比例/% （人数/人）	迁出比例/% （人数/人）
美国	22.90（123）	48.60（261）	25.70（138）
其他七国集团国家	−15.27（−82）	31.28（168）	46.55（250）
其他创新型国家 （地区）	−7.26（−39）	15.46（83）	22.72（122）
其他国家	−0.37（−2）	4.66（25）	5.03（27）

注：迁入比例＝该阶段迁入该国家（地区）组的人数/该阶段发生国家（地区）迁移的总人数 ×100%；迁出比例＝学士到博士阶段从该国家（地区）组迁出的人数/该阶段发生国家（地区）迁移的总人数 ×100%。

　　但从高被引科学家向美国集聚的情况来看，博士到初职阶段高被引科学家从不同国家（地区）组向美国集聚的情况存在显著差异。在博士到初职阶段的国家（地区）迁移过程中，迁入美国的高被引科学家中，有 94.64% 为从部分其他创新型国家（地区）迁入；而从美国迁出的高被引科学家中，有 89.86% 迁入到部分其他创新型国家（地区）。在这一阶段的国家（地区）迁移过程中，高被引科学家从其他国家组迁入美国与从美国迁入其他国家组的人数实现了平衡，故高被引科学家没有出现从其他国家组向美国集聚的现象（见表4-7）。且在其他创新型国家（地区）中，不同国家（地区）之间也有差异，下文将详细论述。

表4-7　博士到初职阶段高被引科学家从不同国家（地区）组向美国集聚的情况

国家（地区）组	集聚比例/%（人数/人）	迁入比例/%（人数/人）	迁出比例/%（人数/人）
其他七国集团国家	68.29（84）	65.90（172）	63.77（88）
其他创新型国家（地区）	31.71（39）	28.74（75）	26.09（36）
其他国家	0	5.36（14）	10.14（14）
总计	100（123）	100（261）	100（138）

注：集聚比例＝［该阶段从该国家（地区）组迁入美国的人数－该阶段从美国迁入该国家（地区）组的人数］/该阶段集聚于美国的总人数×100%；迁入比例＝该阶段从该国家（地区）组迁入美国的人数/该阶段迁入美国的总人数×100%；迁出比例＝该阶段从美国迁入该国家（地区）组的人数/该阶段从美国迁出的总人数×100%。

二、博士到初职阶段高被引科学家主要是从其他七国集团国家向美国集聚

博士到初职阶段国家（地区）迁移过程中，其他七国集团国家是集聚于美国的高被引科学家的主要来源国，但就具体国家来看，它们之间有一定的差异。英国成为这一阶段向美国集聚高被引科学家人数最多的国家，而意大利和加拿大在这一阶段反而出现从美国逆向集聚的现象（见表4-8）。博士到初职阶段，从其他七国集团国家向美国集聚的高被引科学家占该阶段向美国集聚的高被引科学家总数的68.29%，而其中48.78%是由英国贡献的。可见，在这一阶段，英国的高被引科学家大量向美国集聚。这与OECD对欧洲博士学位获得者职业的调查研究结论相似，即从英国获得博士学位者大量流向了美国。[①]

而加拿大和意大利的高被引科学家在博士到初职阶段国家（地区）迁移过程中，没有出现向美国集聚的现象。通过进一步分析这一阶段从美国迁入这两个国家的高被引科学家的学士学位获得国的信息，本书发现：在

---

① Auriol, L., 2010："Careers of Doctorate Holders：Employment and Mobility Patterns"，OECD STI Working Paper，OECD Publishing.

表4-8　博士到初职阶段高被引科学家从其他七国集团国家向美国集聚的情况

国家名称	集聚比例/% （人数/人）	迁入比例/% （人数/人）	迁出比例/% （人数/人）
英国	48.78（60）	36.02（94）	24.64（34）
日本	16.26（20）	8.43（22）	1.45（2）
德国	8.13（10）	6.51（17）	5.07（7）
法国	6.50（8）	4.21（11）	2.17（3）
意大利	−2.44（−3）	0.77（2）	3.62（5）
加拿大	−8.94（−11）	9.96（26）	26.81（37）
总计	68.29（84）	65.90（172）	63.77（88）

注：集聚比例=（该阶段从该国家迁入美国的人数−该阶段从美国迁入该国家的人数）/该阶段集聚于美国的总人数 ×100%；迁入比例=该阶段从该国家迁入美国的人数/该阶段迁入美国的总人数 ×100%；迁出比例=该阶段从美国迁入该国家的人数/该阶段从美国迁出的总人数 ×100%。

博士到初职阶段从美国迁入意大利的高被引科学家中，有40%是在学士到博士阶段从意大利迁入美国的；该阶段从美国迁入加拿大的高被引科学家中，有1/3是在学士到博士阶段从加拿大迁入美国的。可见，博士到初职阶段从美国迁入加拿大和意大利的高被引科学家中，有部分属于"人才回流"。

三、博士到初职阶段高被引科学家从其他创新型国家（地区）向美国集聚的趋势有所减缓

虽然在博士到初职阶段的国家（地区）迁移过程中，从其他创新型国家（地区）向美国集聚的高被引科学家占到该阶段向美国集聚的高被引科学家总数的31.71%，但从实际的人数看，与学士到博士阶段的情况相比，从其他创新型国家（地区）向美国集聚的高被引科学家人数减少了一半以上，仅有39人（见表4-9）。

从表4-9还可以看出，在具体的国家（地区）层面，从澳大利亚和以色列向美国集聚的高被引科学家人数最多。在从其他创新型国家（地区）向美国集聚的高被引科学家中，有约2/3是从澳大利亚和以色列向美国集聚的。

表4-9　博士到初职阶段高被引科学家从其他创新型国家（地区）向美国集聚的情况

国家（地区）名称	集聚比例/%（人数/人）	迁入比例/%（人数/人）	迁出比例/%（人数/人）
澳大利亚	11.38（14）	8.43（22）	5.80（8）
以色列	10.57（13）	7.28（19）	4.35（6）
荷兰	5.69（7）	3.07（8）	0.72（1）
瑞士	4.07（5）	4.60（12）	5.07（7）
奥地利	1.63（2）	0.77（2）	0
比利时	0.81（1）	0.77（2）	0.72（1）
新西兰	0.81（1）	1.15（3）	1.45（2）
中国香港	0	0.38（1）	0.72（1）
芬兰	0	0.38（1）	0.72（1）
丹麦	−0.81（−1）	0.77（2）	2.17（3）
中国台湾	−0.81（−1）	0	0.72（1）
瑞典	−1.63（−2）	1.15（3）	3.62（5）
总计	31.71（39）	28.75（75）	26.06（36）

注：集聚比例=［该阶段从该国家（地区）迁入美国的人数－该阶段从美国迁入该国家（地区）的人数］/该阶段集聚于美国的总人数×100%；迁入比例=该阶段从该国家（地区）迁入美国的人数/该阶段迁入美国的总人数×100%；迁出比例=该阶段从美国迁入该国家（地区）的人数/该阶段从美国迁出的总人数×100%。

四、博士到初职阶段高被引科学家向美国集聚的原因分析

博士到初职阶段，高被引科学家虽然总体仍呈现向美国集聚的趋势，但国家（地区）之间呈现出差异性，特别是在其他七国集团国家组。例如，与学士到博士阶段高被引科学家向美国集聚的情况比较，该阶段从英国向美国集聚的高被引科学家人数从15人增加到60人，占集聚于美国总人数的比例从5.51%增长到48.78%；而加拿大则从向美国集聚转变为从美国获得。从英国获得博士学位者流入美国的情况由来已久，OECD的报道一直在强调，从英国获得博士学位者大量流向了美国。[①] 可见，英国的

---

① Auriol，L.，2010："Careers of Doctorate Holders：Employment and Mobility Patterns"，OECD STI Working Paper，OECD Publishing.

博士毕业生向美国迁移的趋势并没有因人才分类的不同而不同。加拿大英属哥伦比亚大学曾对本校 1960 年至 1996 年毕业的博士生迁移情况进行分析，发现这些博士生在毕业后即迁入美国的人数要比迁入其他 100 个国家的总人数还多。[①] 但从高被引科学家博士到初职阶段的迁移情况来看，从美国回到加拿大的高被引科学家要远远多于从加拿大迁入美国的。可见，在加拿大，至少在高被引科学家层面，并不像加拿大学者研究的那样，博士毕业生在向美国流动。科技精英人才向美国集聚呈现出国家（地区）差异性，与不同国家（地区）长期以来的历史文化传统及由此形成的相关人才政策不无关系。例如，长期以来，英国都没有一致和明确的国家政策支持或鼓励移民。[②] 且英国奉行实用主义人才观，他们认为一个拥有很高学历和丰富经验的人不一定就是难得的人才，但一个已经创造出科研成果的人必定是真正意义上的人才，因而政府更倾向于投入大量的资金和时间去吸引和留住后一类人才[③]，没有为拥有高学历但还未创造出科研成果的人提供较好的工作环境和经济支撑。这些都可能成为英国博士毕业生向美国集聚的推力。本书由于篇幅所限，在此将不对国家（地区）间的历史文化差异性展开详细论述，而主要根据问卷结果及高被引科学家迁移的特征，从美国的拉力角度对博士到初职阶段高被引科学家向美国集聚的原因进行分析。

从问卷调查的结果来看，有 66% 的高被引科学家认为工作环境是影响其选择初职非常重要的因素。通过 SPSS19.0 对各因素影响程度的均值进行计算，结果显示工作环境是最重要的影响因素，而薪资收入被认为是最不重要的影响因素。从表 4-10 可以看出，工作环境的总体均值为 4.47，薪资收入的总体均值为 2.77。另外，个人专业发展、职业发展与晋升、机构声誉、家庭因素的总体均值分别是 4.19、3.91、3.83、2.96。且各因素的影响程度与高被引科学家博士到初职阶段是否发生迁移行为无关，即表示无论博士到初职阶段是否发生过迁移行为，高被引科学家都认为工作环境对迁移的影响非常重要，而薪资水平不重要。关于各影响因素的相关性分析也显示工作环境与薪资收入没有相关性，而与个人专业发展、职业发展与晋升显著相关，但个人专业发展、职业发展与晋升与薪资收入有关

---

① Helliwell, J. F. & Helliwell, D. F., 2001: "Where Are They Now? Migration Patterns for Graduates of the University of British Columbia", Centre for the Study of Living Standards.

② 杨雪：《欧盟共同就业政策研究》，北京，中国社会科学出版社，2004 年，第 200 页。

③ 于敏、王有志、陶应虎等编著：《科技创新人才战略》，南京，东南大学出版社，2011年，第 91~92 页。

（见表 4-11）。通过因子分析，本书发现家庭因素和薪资收入最有可能对博士到初职阶段高被引科学家的迁移产生影响（见表 4-12）。本书随即对这些因子进行了验证性分析，通过随机抽取 80% 的问卷样本进行探索性因子分析，并用剩余的 20% 问卷样本对因子分析结果进行验证，20 次反复验证的成功率基本都在 80% 以上（见表 4-13）。进一步的逻辑回归分析结果显示，高被引科学家在博士到初职阶段，更有可能因为薪资水平（B=0.36，P=0.04）而迁移（见表 4-14）。可见，虽然他们"不认为工资是他们作出迁移决定最重要的考虑因素，但实际上工资的影响是最重要的"[1]。

表 4-10　高被引科学家博士到初职阶段迁移的影响因素分析

迁移的影响因素	均值			显著性
	有迁移行为组	没有迁移行为组	总体	
工作环境	4.45	4.58	4.47	0.32
个人专业发展	4.21	4.08	4.19	0.39
职业发展与晋升	3.95	3.74	3.91	0.22
机构声誉	3.83	3.84	3.83	0.95
家庭因素	2.90	3.28	2.96	0.07
薪资水平	2.80	2.60	2.77	0.19

注：显著性指迁移的影响因素在有迁移行为组和没有迁移行为组之间的差异性水平。当显著性值大于 0.05 时，这表示不存在统计学差异。

表 4-11　影响高被引科学家博士到初职阶段迁移各因素之间的相关性

迁移的影响因素	1	2	3	4	5
工作环境	1.00	—	—	—	—
机构声誉	0.52**	1.00	—	—	—
个人专业发展	0.41**	0.38**	1.00	—	—
职业发展与晋升	0.30**	0.43**	0.37**	1.00	—
薪资水平	0.02	0.11	0.14*	0.22**	1.00
家庭因素	−0.01	−0.01	0.10	0.06	0.35**

注：* 表示在 0.05 水平（双侧）上显著相关；** 表示在 0.01 水平（双侧）上显著相关；"—"表示未获取到相应数据。

---

[1] Ballweg, J. A. & Li, L., 1992: "Employment Migration Among Graduates of Southern Land-Grant Universities", *Southern Rural Sociology* 9（1）: 91–102.

表4-12　高被引科学家博士到初职阶段迁移影响因子分析

迁移的影响因素	因子分析			
	B	SE	Z 值	Pr（>lzl）
常量	2.23	1.13	1.97	0.05
工作环境	−0.36	0.25	−1.41	0.16
机构声誉	−0.09	0.20	−0.43	0.67
个人专业发展	0.21	0.18	1.18	0.24
职业发展与晋升	0.17	0.16	1.06	0.29
薪资水平	0.31	0.18	1.69	0.09
家庭因素	−0.35	0.13	−2.68	0.01

表 4-13　高被引科学家博士到初职阶段迁移影响因子的验证性分析

检验次序	成功率	检验次序	成功率	检验次序	成功率	检验次序	成功率
1	85.42%	6	83.33%	11	85.42%	16	81.25%
2	85.42%	7	85.42%	12	83.33%	17	85.42%
3	79.17%	8	83.33%	13	77.08%	18	87.50%
4	81.25%	9	89.58%	14	93.75%	19	79.17%
5	85.42%	10	83.33%	15	77.08%	20	85.42%

表 4-14　影响高被引科学家博士到初职阶段迁移因素的逻辑回归分析结果

	迁移的影响因素	因子分析				
		B	SE	Wals	df	Sig.	Exp（B）
步骤 2a	薪资水平	0.36	0.18	4.14	1	0.04	1.43
	家庭因素	−0.32	0.13	6.42	1	0.01	0.73
	常量	1.62	0.52	9.68	1	0	5.03

注：a 表示在步骤 2 中输入的变量——薪资水平。

在博士到初职阶段的国家（地区）迁移过程中，集聚于美国的高被引科学家主要集聚于 2012 年 ARWU 1～100 名的美国大学（54.47%）和美国非大学的其他机构（32.53%）；但与学士到博士阶段的国家（地区）迁移情况相比，向 2012 年 ARWU 1～100 名的美国大学集聚的人数大量减少。在该阶段 261 名迁入美国的高被引科学家中，有 72.03% 迁入 2012 年 ARWU 1～100 名的美国大学，3.83% 迁入 2012 年 ARWU 101～200 名的美国大学，7.28% 迁入 2012 年 ARWU 201～500 名的美国大学，1.53% 迁入 2012 年 ARWU 500 名之外的美国大学，15.33% 迁入美国非大学的其他机构；同时在 138 名从美国迁出的高被引科学家中，有 87.68% 从 2012 年 ARWU 1～100 名的美国大学迁出，3.62% 从 2012 年 ARWU 101～200 名的美国大学迁出，5.07% 从 2012 年 ARWU 201～500 名的美国大学迁出，3.62% 从 2012 年 ARWU 500 名之外的美国大学迁出。

与高被引科学家在学士到博士阶段的国家（地区）迁移过程中集聚于美国的机构分布情况相比，在博士到初职阶段国家（地区）迁移过程中，迁入 2012 年 ARWU 1～100 名的美国大学的高被引科学家人数从 267 人减少到 188 人，而从 2012 年 ARWU 1～100 名的美国大学迁出的高被引科学家人数从 19 人增加到 121 人。可见，在这一阶段，美国对高被引科学家的吸引力减弱，究其原因可能与美国世界一流大学聘任博士毕业生的政策有关。这一点将在下一章中详细论述。

在这一阶段的国家（地区）迁移过程中，美国非大学的其他机构异军突起，成为美国吸引高被引科学家的重要平台。通过进一步对非大学的其他机构的研究，可以发现在集聚美国非大学的其他机构的高被引科学家中，有 37.50% 集聚于企业研发机构，包括国际商业机器（IBM）公司、贝尔实验室等；有 35% 集聚于国家科研机构，包括美国国家实验室和政府科研机构，例如美国国立卫生研究院、美国国家航空航天局等；其余的 27.50% 集聚于其他非营利性质的独立研究机构。可见，美国的企业研发机构在吸引其他国家（地区）优秀博士毕业生方面发挥了较大的作用。这些企业研发机构的拉力作用一方面体现为其在人才招聘中对毕业生的青睐，另一个方面体现为企业所提供的高额薪酬和福利。以 IBM 公司为例，该公司人力资源管理的特点在于：其一，不拘一格地在全球招聘人才，并且喜欢从学校直接招聘人才，为此还专门制定了"蓝色之路"校园招聘计划[①]；其二，拥有完善和精细的薪酬方案。20 世纪 80 年代以前，IBM 公司在薪酬制度上就表现出极为慷慨的作风：完善补充养老金、补充医疗福利、补充住房政策，建立乡村俱乐部、教育培训机构，建设保障性的工作

---

① 杨眉：《IBM 人力资源管理的高绩效秘籍》，《企业改革与管理》2009 年第 11 期。

环境；同时承诺终身就业不裁员；等等。在当时的美国没有第二家公司的福利可以与之相媲美。[①]

此外，美国的移民法律也有可能增强美国的工作环境对其他国家（地区）科技精英人才的吸引力。进入 20 世纪 60 年代，美国开始修改 1952 年的《移民与国籍法》，通过了 1965 年、1976 年和 1981 年的该法修正案，最终确定了要求移民拥有高学历、高技术水平的基本准则。美国的移民法律为拥有高学历的人才进入美国大开方便之门，这自然增加了美国对具有大学学位的专业技术人员和管理人员的吸引力。

第四节 初职到现职阶段高被引科学家向美国集聚的特征与原因分析

科技精英人才职业生涯过程中的国家（地区）迁移，一方面有助于将个人的思想和创新成果及国际影响力带到另一个地方，并且参与一个新的学术环境建设；另一方面，根据库克人才创造周期理论，在某个岗位上，人的创造力高峰大约维持三年至五年，若在创造力衰退之前适时地更换岗位，通过在新的地方获得新的信息和知识，实现个人知识在新领域的发展和融合，有助于个人创造力的再次激发。可见，科技精英人才在职业生涯过程中的迁移，是"科学知识传播与再创造的主要途径"[②]。因而，在初职到现职阶段，能够给科技精英人才提供更多有助于其获得成就的环境支撑和经济资助的国家（地区）就有可能吸引科技精英人才集聚。但随着各国及各地在吸引人才方面都采取了积极的措施，使得美国在初职到现职阶段没有出现科技精英人才集聚的趋势，且不同国家（地区）组的差异性更显著。

一、初职到现职阶段高被引科学家呈现从美国逆向集聚的现象

在所选样本中，高被引科学家初职到现职阶段发生国家（地区）迁移的总体比例为 24.61%。但在这一阶段的国家（地区）迁移过程中，高被引科学家迁入美国的人数占该阶段发生国家（地区）迁移总人数的 37.46%，从美国迁出的人数占该阶段发生国家（地区）迁移总人数的 38.96%，迁出比例出现了高于迁入比例的情况；而澳大利亚则出现了高

---

① 舒晓兵、张少文、陈雪玲：《IBM 公司的薪酬管理及对我国企业的启示》，《生产力研究》2006 年第 11 期。

② 徐建国编著：《现代教育理论和中国教育改革与实践》，银川，阳光出版社，2011 年，第 158 页。

被引科学家迁入比例高于迁出比例的情况，其迁入与迁出的比例之差为5.18%，成为高被引科学家在初职到现职阶段国家（地区）迁移过程中集聚的国家（见图4-5）。

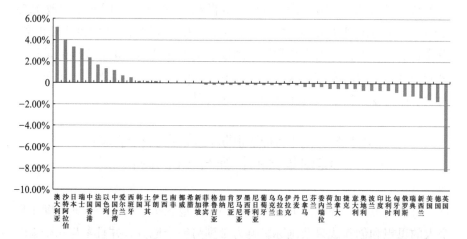

图4-5 高被引科学家初职到现职阶段国家（地区）迁移过程中国家（地区）的集聚情况

从国家（地区）分组情况来看，美国、其他七国集团国家和其他国家这三组，高被引科学家迁入比例少于迁出比例，没有出现集聚的现象；而其他创新型国家（地区）高被引科学家迁入人数占这一阶段迁入高被引科学家总数的25.08%，迁出比例为15.89%，迁入比例大于迁出比例，形成了高被引科学家的集聚（见表4-15）。故在初职到现职阶段国家（地区）迁移过程中，高被引科学家向美国集聚的现象发生了逆转，在美国没有形成高被引科学家的集聚。

表4-15 初职到现职阶段高被引科学家在不同国家（地区）组的集聚情况

国家（地区）组	迁入与迁出比例之差/%（人数之差/人）	迁入比例/%（人数/人）	迁出比例/%（人数/人）
美国	−1.50（−9）	37.46（224）	38.96（233）
其他七国集团国家	−6.02（−36）	30.27（181）	36.29（217）
其他创新型国家（地区）	9.19（55）	25.08（150）	15.89（95）
其他国家	−1.67（−10）	7.19（43）	8.86（53）

注：迁入比例＝该阶段迁入该国家（地区）组的人数/该阶段发生国家（地区）迁移的总人数 ×100%；迁出比例＝学士到博士阶段从该国家（地区）组迁出的人数/该阶段发生国家（地区）迁移的总人数 ×100%。

就高被引科学家向美国集聚的情况看，在初职到现职阶段由不同国家（地区）组向美国集聚的情况有较大的差异。在这一阶段国家（地区）迁移过程中，迁入美国的高被引科学家有 224 人，其中 83.93% 来自其他创新型国家（地区）；从美国迁出的高被引科学家有 233 人，其中 90.99% 迁入其他创新型国家（地区）。可见，在初职到现职阶段，高被引科学家的国家（地区）迁移与集聚仍旧主要发生在美国和其他创新型国家（地区）之间（见表 4-16）。但在这些其他创新型国家（地区）中，差异性显著，高被引科学家从其他七国集团国家向美国集聚，又从美国向其他创新型国家（地区）集聚。下文将对此进行详细论述。

表 4-16　初职到现职阶段高被引科学家从不同国家（地区）组向美国集聚的情况

国家（地区）组	迁入与迁出比例之差/%（人数之差/人）	迁入比例/%（人数/人）	迁出比例/%（人数/人）
其他七国集团国家	9.69（17）	62.05（139）	52.36（122）
其他创新型国家（地区）	−16.75（−41）	21.88（49）	38.63（90）
其他国家	7.06（15）	16.07（36）	9.01（21）
总计	0（−9）	100（224）	100（233）

注：迁入比例=该阶段从该国家（地区）组迁入美国的人数/该阶段迁入美国的总人数 × 100%；迁出比例=该阶段从美国迁入该国家（地区）组的人数/该阶段从美国迁出的总人数 × 100%。

二、初职到现职阶段高被引科学家仍旧主要从其他七国集团国家向美国集聚

在初职到现职阶段，其他七国集团国家的高被引科学家总体呈现出向美国集聚的现象。在该阶段，从其他七国集团国家迁入美国的高被引科学家有 139 人，占迁入美国的高被引科学家总数的 62.05%；而从美国迁入其他七国集团国家的高被引科学家有 122 人，占从美国迁出的高被引科学家总数的 52.36%。故迁入比例多于迁出比例，仍呈现出高被引科学家从其他七国集团国家向美国集聚的现象（见表 4-17）。

表4-17 初职到现职阶段高被引科学家从其他七国集团国家向美国集聚的情况

国家名称	迁入与迁出比例之差/% （人数之差/人）	迁入比例/% （人数/人）	迁出比例/% （人数/人）
英国	11.40（24）	28.57（64）	17.17（40）
加拿大	5.45（11）	18.75（42）	13.30（31）
意大利	1.36（3）	1.79（4）	0.43（1）
德国	0.67（1）	6.25（14）	5.58（13）
法国	−2.84（−7）	4.02（9）	6.86（16）
日本	−6.33（−15）	2.68（6）	9.01（21）
总计	9.69（17）	62.05（139）	52.36（122）

注：迁入比例=该阶段从该国家迁入美国的人数/该阶段迁入美国的总人数 ×100%；迁出比例=该阶段从美国迁入该国家的人数/该阶段从美国迁出的总人数 ×100%。

从表4-17还可以看出，在具体国家层面，高被引科学家从英国向美国迁移与集聚，但又从美国逆向集聚到日本和法国。日本成为高被引科学家从美国逆向集聚过程中获利的国家之一。通过进一步分析从美国迁入日本的高被引科学家信息，可以发现在这21名从美国迁入日本的高被引科学家中，有85.71%在日本获得博士学位，有71.43%在日本获得学士学位。可见，从美国迁入日本的高被引科学家中大部分属于回流人员。

三、初职到现职阶段高被引科学家由美国逆向集聚到其他创新型国家（地区）

初职到现职阶段，高被引科学家总体呈现从美国逆向集聚到其他创新型国家（地区）的现象。在该阶段，从这一国家（地区）组迁入美国的高被引科学家共49人，占迁入美国高被引科学家总数的21.88%；而从美国迁入这一国家（地区）组的高被引科学家共90人，占从美国迁出的高被引科学家总数的38.63%。迁入比例小于迁出比例，故在初职到现职阶段国家（地区）迁移过程中高被引科学家由美国向这一组国家（地区）逆向集聚（见表4-18）。

表4-18　初职到现职阶段高被引科学家由其他创新型国家（地区）向美国集聚的情况

国家（地区）名称	迁入与迁出比例之差/%（人数之差/人）	迁入比例/%（人数/人）	迁出比例/%（人数/人）
澳大利亚	−5.84（−14）	4.46（10）	10.30（24）
瑞士	−4.60（−11）	3.13（7）	7.73（18）
中国香港	−3.86（−9）	0	3.86（9）
中国台湾	−3.00（−7）	0	3.00（7）
以色列	−2.01（−5）	3.57（8）	5.58（13）
荷兰	−1.00（−3）	2.86（6）	3.86（9）
爱尔兰	−0.43（−1）	0	0.43（1）
韩国	−0.43（−1）	0	0.43（1）
比利时	0	0.89（2）	0.86（2）
丹麦	0	0.89（2）	0.86（2）
芬兰	0.46（1）	0.89（2）	0.43（1）
瑞典	1.84（4）	3.13（7）	1.29（3）
新西兰	2.23（5）	2.23（5）	0
总计	−16.75（−41）	21.88（49）	38.63（90）

注：迁入比例=该阶段从该国家（地区）迁入美国的人数/该阶段迁入美国的总人数 × 100%；迁出比例=该阶段从美国迁入该国家（地区）的人数/该阶段从美国迁出的总人数 × 100%。

　　从表4-18还可以看出，在具体的国家（地区）层面，高被引科学家从美国逆向集聚的国家（地区）主要是亚太地区的部分其他创新型国家（地区），包括澳大利亚、中国香港、中国台湾、以色列等。由上述亚太国家（地区）迁入美国的高被引科学家仅占初职到现职阶段迁入美国的高被引科学家总数的8.04%，而相应的从美国迁入这些国家（地区）的比例则为23.18%。正是由于大量的高被引科学家从美国逆向集聚到这些亚太国家（地区），让初职到现职阶段高被引科学家向美国集聚的情况发生了变化。而进一步分析从美国迁入这些创新型国家（地区）的高被引科学家的信息可知：在这90名高被引科学家中，有48.89%的人回到了其获得学士学位的国家（地区），有50%的人则回到了其获得博士学位的国家（地区）。

四、初职到现职阶段高被引科学家从美国逆向集聚的原因分析

华威大学学者曾对物理学专业的高被引科学家国家（地区）迁移特征进行分析，分析结果表明，在这些高被引物理学家中在美国就读博士的比例为 55%，现职在美国的比例为 66%。因此，华威大学学者认为科技精英人才向美国大量迁移。[1] 而从本书对全球高被引科学家的分析来看，初职到现职阶段，高被引科学家向美国集聚的趋势是不断减弱的。原因可能与高被引科学家不同工作时期的需求有关，也可能与其专业的发展特征有关。但本书暂不考虑专业的原因，仅从不同职业阶段的需求角度尝试对初职到现职阶段高被引科学家由美国逆向集聚的原因进行探析。

从本书问卷调查的结果看，有 72.83% 的高被引科学家认为工作环境是影响其决定是否迁入现职非常重要的因素。SPSS19.0 的均值分析显示，工作环境的影响作用明显高于其他的因素，其均值为 4.43，而个人专业发展、薪资水平、机构声誉、家庭因素、职业发展与晋升的总体均值分别是 3.91、3.85、3.83、3.64、3.52（见表 4-19）。进一步的相关分析结果显示，工作环境与其他诸因素，例如薪资水平、个人专业发展、机构声誉、职业发展与晋升的相关性 P 值均小于等于 0.01（见表 4-20），且逻辑回归分析结果显示没有一个因素能单独决定高被引科学家在这一阶段是否迁移，即表示在从初职到现职的迁移过程中，高被引科学家在考虑工作环境时还会兼顾其他因素。

表 4-19　高被引科学家初职到现职阶段迁移的影响因素分析

迁移的影响因素	均值			显著性
	有迁移行为组	没有迁移行为组	总体	
工作环境	4.39	4.54	4.43	0.37
个人专业发展	3.91	3.90	3.91	0.97
薪资水平	3.85	3.85	3.85	1.00
机构声誉	3.84	3.76	3.83	0.64

---

[1] Ali, S., Carden, G. & Culling, B. et al., 2009: "Elite Scientists and the Global Brain Drain", in Sadlak, J. & Liu, N. C., *The World-Class University as Part of a New Higher Education Paradigm: From Institutional Qualities to Systemic Excellence*, UNESCO-CEPES, at 119-166.

续表

迁移的影响因素	均值			显著性
	有迁移行为组	没有迁移行为组	总体	
家庭因素	3.59	3.81	3.64	0.26
职业发展与晋升	3.56	3.37	3.52	0.32

表 4-20　影响高被引科学家初职到现职阶段迁移的各因素之间的相关性

迁移的影响因素	1	2	3	4	5
工作环境	1.00	—	—	—	—
机构声誉	0.73**	1.00	—	—	—
个人专业发展	0.75**	0.65**	1.00	—	—
职业发展与晋升	0.59**	0.62**	0.66**	1.00	—
薪资水平	0.70**	0.68**	0.64**	0.58**	1.00
家庭因素	0.47**	0.35**	0.36**	0.35**	0.50*

注：* 表示在 0.05 水平（双侧）上显著相关；** 表示在 0.01 水平（双侧）上显著相关；"—"表示未获取到相应数据。

从集聚于美国的高被引科学家机构分布的情况看，在初职到现职阶段，集聚于 2012 年 ARWU 1~100 名的美国大学的高被引科学家数量进一步减少。在该阶段的 224 名迁入美国的高被引科学家中，有 76.79% 迁入 2012 年 ARWU 1~100 名的美国大学，有 10.71% 迁入 2012 年 ARWU 101~200 名的美国大学，有 10.71% 迁入 2012 年 ARWU 201~500 名的美国大学，有 1.79% 迁入 2012 年 ARWU 500 名之外的美国大学；同时在 233 名从美国迁出的高被引科学家中，有 68.67% 从 2012 年 ARWU 1~100 名的美国大学迁出，有 3.86% 从 2012 年 ARWU 101~200 名的美国大学迁出，有 4.72% 从 2012 年 ARWU 201~500 名的美国大学迁出，有 3.86% 从 2012 年 ARWU 500 名之外的美国大学迁出，有 18.88% 从美国非大学的其他机构迁出。故该阶段，2012 年 ARWU 1~100 名的美国大学迁入比例比迁出比例仅高出 8.12%，共集聚 12 人；而在美国非大学的其他机构，高被引科学家迁入和迁出的比例之差为 -18.88%，共流失 44 人。

而对于集聚其他创新型国家（地区）的高被引科学家来说，从其集聚的机构分布来看，层次越高的大学他们集聚的比例越高。在 150 名迁入其他创新型国家（地区）的高被引科学家中，有 42.67% 迁入这一国家（地区）组 2012 年 ARWU 1～100 名的大学，有 25.33% 迁入其 2012年 ARWU 101～200 名的大学，有 26.00% 迁入 2012 年 ARWU 201～500名的大学，有 6.00% 迁入其 2012 年 ARWU 500 名之外的大学；同时在 95名从其他创新型国家（地区）迁出的高被引科学家中，有 33.68% 是从2012 年 ARWU 1～100 名的大学迁出的，有 21.05% 是从 2012 年 ARWU101～200 名的大学迁出的，有 13.68% 是从 2012 年 ARWU 201～500 名的大学迁出的，有 6.32% 是从 2012 年 ARWU 500 名之外的大学迁出的，有 25.26% 是从非大学的其他机构迁出的。故该阶段，集聚其他创新型国家（地区）2012 年 ARWU 1～100 名大学的高被引科学家占集聚其他创新型国家（地区）总人数的 58.18%，可见，其他创新型国家（地区）也主要是以世界一流大学作为人才集聚的平台。但这些研究型大学在 2012年 ARWU 中主要集中在 21～100 名这一层次，包括苏黎世联邦理工学院、澳大利亚国立大学、耶路撒冷希伯来大学、魏茨曼科学研究学院、西澳大利亚大学、奥斯陆大学、日内瓦大学、莱顿大学、昆士兰大学等。这些大学显然在科研环境和实力方面与 2012 年 ARWU 1～100 名的美国大学存在着差距。

在初职到现职阶段的国家（地区）迁移过程中，高被引科学家由美国向其他创新型国家（地区）逆向集聚，一方面是由于 2012 年 ARWU1～100 名的美国大学吸引力继续减弱（至于原因，下一章将详解，此处不再累述），另一方面是由于美国非大学的其他机构中的高被引科学家向其他创新型国家（地区）集聚，且这些高被引科学家中的 38.64% 是向其他创新型国家（地区）2012 年 ARWU 1～100 名的大学集聚。这可能是由于其他创新型国家（地区）2012 年 ARWU 1～100 名大学能提供比美国非大学的其他机构更有竞争力的工作环境，这与国家（地区）的经济发展程度及其对人才的投入政策有一定的关系。这一点在其他国家组中也有体现，沙特阿拉伯就是最好的证明。在本书的高被引科学家样本中，在学士、博士、初职阶段，沙特阿拉伯都没有高被引科学家，而在初职到现职的迁移过程中，其他国家组的高被引科学家基本上仍呈现向美国集聚的情况，而沙特阿拉伯却出现从美国吸引大量高被引科学家的状况。主要原因在于沙特阿拉伯在科技精英人才引进方面加大了投入。沙特阿拉伯于2007 年投入约 27 亿美元巨资，开始创建一所世界一流的研究型大学——阿卜杜拉国王科技大学，并通过"阿卜杜拉国王奖学金计划"等人才引进政策吸引了全球 70 多个国家和地区的数百名研究人员，包括 60 多位一流科学家和工程师及首批 300 多名来自世界各地的研究生。[①]

第五节　高被引科学家从美国逆向集聚现象对中国的启示

一、对高被引科学家从美国逆向集聚现象的思考

人才迁移的发生、发展乃至持续都有一定规律，即输出国（地区）的负面因素推动人才离开，输入国（地区）的正面因素吸引人才进来。[②] 高被引科学家国家（地区）迁移方向与规模不可避免地是由推力和拉力两种强力造成的，两种力量同时存在共同形成高被引科学家向美国集聚的趋势特征。但影响推拉力的因素比较多，扎波指出，所谓推力不仅指恶劣的客观环境，它在很大程度上也取决于心理因素，这种心理因素是由两种水平之间的差距造成的，一是人们现在的生活水平，二是人们渴望达到的生活水平。两者之间的差距越大，迁移的可能性就越大。[③] 乔治提出引起流动的因素从主观上看可以分为主动和被动两种情况。所谓主动是由需求引起的，例如，对高收入的追求；所谓被动是由环境条件引起的，例如，在恶劣的条件下难以生存。[④] 究竟哪些因素可能成为导致高被引科学家从美国逆向集聚的推拉力呢？

首先，国家（地区）的经济实力是影响高被引科学家集聚的最主要因素。

从本章中的实证分析结果来看，在学士到博士、博士到初职这两个阶段的国家（地区）迁移过程中，高被引科学家都在向美国集聚。人力资本理论中的世界体系理论认为，随着经济全球化的发展，世界市场不断扩大，世界各国（地区）竞争的结果是多数发展中国家（地区）被边缘化。发达国家（地区）的资本渗透到发展中国家（地区）的各个角落，在资本不断向发展中国家（地区）扩展的过程中，发展中国家（地区）的劳

① 王琪、冯倬琳、刘念才主编：《面向创新型国家的研究型大学国际竞争力研究》，北京，中国人民大学出版社，2012 年，第 267 页。
② Massey，D.，Arango，J，& Hugo，G. et al.，1993："Theories of International Migration：A Review and Appraisal"，*Population and Development Review* 19（3）：431–466.
③ 张樨樨：《中国人才集聚的理论分析与实证研究——基于 IMSA 分析范式》，北京，首都经济贸易大学出版社，2010 年，第 30 页。
④ 汪慧：《人口迁移与城市化——我国城乡人口流动的原因及影响剖析》，《学习与思考》1997 年第 6 期。

动力、原材料等向发达国家（地区）流动。[①] 高被引科学家向美国集聚反映出美国在世界体系中的核心国地位。但从国家（地区）组别来看，高被引科学家持续不断地从其他七国集团国家向美国集聚，这些国家与美国一样，同为经济发达国家。

但在初职到现职阶段的国家（地区）迁移过程中，高被引科学家没有向美国集聚，而是从美国逆向集聚到其他创新型国家（地区）。世界体系理论无法解释这一现象，但新古典经济理论流派的研究指出，国家（地区）之间的工资水平差异直接影响到迁移模式的改变。当落后国家或者地区提高其工资水平以缩小与经济发达国家或地区之间的距离时，必然使得本地的非技术性工人的失业率增加，这些失业的工人在权衡国家或地区间收入差异后就可能迁移，而那些受过高等教育的高技术工人反而会被高工资吸引而迁移到落后国家或地区。[②] 因此，高被引科学家从美国向其他创新型国家（地区）逆向集聚，其他创新型国家（地区）需要为高被引科学家提供比在美国时获得的更高的经济收益，且这一经济收益要超越其从美国逆向迁移所付出的货币成本和非货币成本的总和。但从现有的数据来看，无法得知其他创新型国家（地区）是否能为高被引科学家提供比美国更高的经济收益，故很难用经济利益的差异来解释高被引科学家逆向迁移的行为，且单纯用经济利益来解释这一现象忽略了高被引科学家在专业上的追求。

其次，国家（地区）所能提供的职业发展空间是影响高被引科学家集聚的重要因素。

对从美国逆向集聚到其他创新型国家（地区）的高被引科学家机构变化情况的进一步分析得出，从美国迁出的高被引科学家主要来源于 2012年 ARWU 1~100 名的美国大学和非大学的其他机构，而迁入其他创新型国家（地区）的高被引科学家大部分集中迁入其他创新型国家（地区）2012 年 ARWU 1~100 名的大学。由此可见，从美国逆向集聚其他创新型国家（地区）的高被引科学家仍旧会选择比较有优势的机构。在优势累积理论看来，人才从优势国家（地区）向其他国家（地区）迁移与集聚，主要原因是人才在优势国家（地区）向上攀登的过程中受到了阻碍。关于这个阻碍因素，社会学家给出的解释是：其一是移民拥有某些有经济价值的工作技术的程度；其二是优势群体愿意让新来者得到同等工作、住

---

① 盛来运：《国外劳动力迁移理论的发展》，《统计研究》2005 年第 8 期。
② 赵敏：《国际人口迁移理论评述》，《上海社会科学院学术季刊》1997 年第 4 期。

房和学校教育的程度；其三是移民群体对所处环境的心理和文化取向的不同。①简而言之，阻碍因素与利益的满足程度和专业的发展需求有关。因此，高被引科学家从 2012 年 ARWU 1～100 名的美国大学向其他创新型国家（地区）2012 年 ARWU 1～100 名大学迁移与集聚的原因，可能是其在 2012 年 ARWU 1～100 名的美国大学发展的过程中受到阻碍，包括职业晋升困难、科学研究遇到瓶颈、文化认同面临危机等，而其他创新型国家（地区）能够满足高被引科学某些利益诉求与专业发展的需要。

综上所述，已有的关于科技精英人才职业迁移的研究，大多是通过对科技精英人才博士到现职的迁移特征进行分析，得出科技精英人才在不断向美国集聚的结论，这基本符合人力资本理论的观点。而本书通过对高被引科学家职业发展阶段进行划分，发现高被引科学家在学士到博士、博士到初职这两个阶段的国家（地区）迁移与集聚特征与已有的研究结论一致。但在初职到现职阶段，高被引科学家呈现从美国逆向集聚到其他创新型国家（地区）的趋势。通过对初职到现职阶段由美国向其他创新型国家（地区）集聚的高被引科学家所在机构的变化情况进行分析，本书发现高被引科学家主要是从 2012 年 ARWU 1～100 名的美国大学和非大学的其他机构向其他创新型国家（地区）2012 年 ARWU 1～100 名的大学集聚。本书问卷调查的结果也显示，工作环境是重要的影响因素，但相关分析显示，该阶段工作环境与薪资水平、个人专业发展、职业发展与晋升等因素显著相关。本书认为，迁移本身就是一个复杂的现象，高被引科学家的国家（地区）迁移涉及诸多因素，经济差异很难完全解释这一迁移特征。本书综合运用人力资本理论和优势累积理论来分析，认为高被引科学家从美国逆向集聚的原因是其他创新型国家（地区）在某方面表现出优于美国的拉力作用。具体而言，这一拉力因素主要体现在两个方面，一方面是能为高被引科学家带来更好的经济收益；另一方面是能促进其职业进一步发展。

二、高被引科学家从美国逆向集聚对中国科技精英人才引进的启示

高被引科学家从美国逆向集聚，无疑为其他国家（地区）引进科技精英人才提供了契机。从上述的数据分析中也可以看出，一些创新型国家（地区）正从中受益。中国要抓住这一契机，加快创新型国家建设的步伐，

① 〔美〕丹尼尔·U. 莱文、瑞伊娜·F. 莱文：《教育社会学》，郭锋、黄雯、郭菲译，北京，中国人民大学出版社，2010 年，第 180 页。

与此同时要在满足科技精英人才经济收益和职业发展需求等方面作更多的努力。正如北卡罗来纳大学分校生物化学家贾伟所说，必须有一个长期鼓励人才发展的环境，否则任何人才引进计划都无济于事。[①]

首先，中国须不断增加科研投入，且对不同的地区采用不同的科研投入扶持策略。创新型国家（地区）的特征大致体现在四个方面：研发投入占国内生产总值的 2% 以上；科技进步贡献率达 70% 以上；对外技术依存度在 30% 以下；创新产出高，发明专利多。[②]中国要想在科技精英人才从美国逆向集聚中抓住机会，研发投入须向占比 2% 的目标不断努力，在不断增加国家财政投入的同时，开拓多元化的科研资金来源渠道。而且，中国不同地区经济发展不平衡的现状在短期内是很难改变的，中西部地区经济发展相对落后，对科技精英人才的需求更为强烈，但地方政府的支持能力又相对较弱，那么国家要针对不同地区的情况，采取更多样化的扶持策略，做到有的放矢。

其次，创建适宜的科技精英人才工作环境，是中国成为科技精英人才集聚国的重要保证。根据优势累积理论，高被引科学家离开美国，主要是为了追求更好的专业发展空间，工作机会、发展前景是他们比较看中的关键因素。以"事业"引人，为他们的事业发展提供更多的助力，显然更能吸引和留住科技精英人才。因此，中国要完善人才引进制度及人才引进管理体制，简化手续，更多地为科技精英人才解决生活上的需求，例如子女、配偶、社会保障等问题，为其解决后顾之忧，让科技精英人才安然来之、安然处之。

从上述分析可知，高被引科学家在学术生涯的各个阶段都有国家（地区）迁移情况，但不是在所有阶段都会向美国集聚。高被引科学家国家（地区）迁移与集聚主要发生在美国和美国之外的创新型国家（地区）之间。从高被引科学家的分布来看，学士到现职，90% 以上的高被引科学家都集中在美国和美国之外的创新型国家（地区）。在迁移过程中，学士到博士阶段，一半以上的迁移是在美国和美国之外的创新型国家（地区）之间发生；而在博士到初职、初职到现职阶段，近 90% 的迁移是发生在美国和美国之外的创新型国家（地区）之间。

从职业发展的不同阶段来看，在学士到博士阶段的国家（地区）迁移过程中，高被引科学家从全球其他国家（地区）向美国集聚，美国成为最

---

① Qiu, J., 2009: "China Targets Top Talent from Overseas", *Nature* 457（1）: 522.
② 曾丽雅：《中国建设创新型国家的基础与面临的挑战》，《江西社会科学》2009 年第 10 期。

大的受益国；在博士到初职阶段的国家（地区）迁移过程中，高被引科学家总体仍向美国集聚，但集聚的人数与比例较之于学士到博士阶段都有较大幅度的减少；在初职到现职阶段的国家（地区）迁移过程中，高被引科学家集聚现象发生逆转，出现从美国逆向集聚的现象。可见，科技精英人才向美国集聚的趋势显然并不像已有研究所说的那样呈逐步上升的态势，他们向美国迁移与集聚的趋势主要发生在教育阶段及职业生涯的早期，随后这种趋势逐渐减弱甚至发生逆转。

　　关于高被引科学家从美国逆向集聚的原因，从本书问卷调查的结果来看，工作环境是一个非常重要的因素。正如曹聪所言，政治稳定、健全的法制、竞争但又公平的环境是比纯经济机会更关键的因素，能鼓励那些本来选择离开的留在中国。[①] 同时，在相关分析中，该阶段工作环境又与其他因素显著相关。对从美国迁出的高被引科学家主要的目的国（地区）分析来看，高被引科学家主要是向其他创新型国家（地区）集聚的；对从美国迁出的高被引科学家的迁出机构情况的分析来看，高被引科学家主要是从美国一流大学迁出的。可见，科技精英人才从美国逆向集聚可能是其对工作环境、经济和个人职业发展等多方面因素综合考量的结果。

---

① 曹聪：《中国的"人才流失""人才回归"和"人才循环"》，《科学文化评论》2009年第1期。

第五章 机构迁移：高被引科学家
向名校集聚的现状与原因分析

　　机构迁移研究是对科技精英人才机构层面的职业迁移特征与原因的分析。相对于国家（地区）迁移，机构迁移的研究受到的关注比较少，但实际上，对于具有研究生水平的人才而言，他们在决定迁移时更有可能是先选择机构，再选择国家（地区）。[①] 可见，对机构迁移的分析是有必要的，也是有意义的。而在众多的机构中，大学或者研究机构已经被视为一种吸引和留住全球高技术人才的平台，并在那些致力于提高经济生产力和国家竞争力的政策文件中不断被强调。[②] 有学者认为，大学是科学家和工程师国家（地区）迁移网络中的节点。[③] 可见，大学不仅是知识和创造的中心，也是人才竞争的主要场所。人才由大学培养，并在大学集中的现象也在研究中得到了证实。因此，本书将以大学为介质，对高被引科学家的机构迁移进行探讨。

　　本章旨在对高被引科学家向名校集聚的特征与原因进行分析，重点对高被引科学家学士到博士、博士到初职、初职到现职三个阶段向名校迁移与集聚的特征及原因进行探讨。

第一节 高被引科学家机构迁移的特征分析

　　世界著名研究型大学，大多有一流的学术交流场所与健全的管理机制。著名大学中的主要学科专家群体，大多由若干核心科学家（常常是诺

---

① Chen, L.-H., 2007: "Choosing Canadian Graduate Schools from Afar: East Asian Students' Perspectives", *Higher Education* 54（5）: 759–780.

② Cantwell, B., 2011: "Transnational Mobility and International Academic Employment: Gatekeeping in an Academic Competition Arena", *Minerva* 49（4）: 425–445.

③ Castells, M., 2000: "The Information Age: Economy, Society and Culture", Oxford: Blackwell, at 26.

贝尔奖获得者）和一群活跃的学者（助理教授、讲师、研究生）组成，各类参与者在学术上相对自由平等。① 在优势累积理论看来，这些条件的接受者能够有比较好的开端，能够得到较多的为完成任务所必需的东西，最终能够取得更大的成就。② 因而，科技精英人才向名校迁移与集聚被视为一种必然的趋势。本书认为高被引科学家在不同职业发展阶段的机构迁移是比较频繁的，其向大学的集聚主要向 2012 年 ARWU 1～100 名的世界一流大学集聚，且这种集聚呈现出阶段性特征。

一、高被引科学家机构迁移频率较高

在本书所选样本中，学士到博士阶段发生机构迁移的高被引科学家有 1591 人，约占样本总数的 74.52%，没有发生机构迁移的有 544 人，约占样本总数的 25.48%；博士到初职阶段发生机构迁移的有 1899 人，约占样本总数的 78.21%，没有发生机构迁移的有 529 人，约占样本总数的 21.79%；初职到现职阶段发生机构迁移的有 1908 人，约占样本总数的 78.58%，没有发生机构迁移的有 520 人，约占样本总数的 21.42%（见图 5-1）。可见，在职业发展的各个阶段，高被引科学家的机构迁移都是比较活跃的。

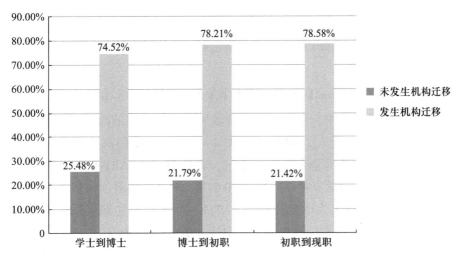

图 5-1　高被引科学家机构迁移总体情况

① 刘少雪主编：《面向创新型国家建设的科技领军人才成长研究》，北京，中国人民大学出版社，2009 年，第 83 页。
② 〔美〕哈里特·朱克曼：《科学界的精英——美国的诺贝尔奖金获得者》，周叶谦、冯世则译，北京，商务印书馆，1979 年，第 86 页。

与国家（地区）迁移相比，高被引科学家机构迁移的频率是比较高的。在学士到博士阶段，高被引科学家机构迁移的比例是74.52%，而国家（地区）迁移的比例为20.05%；在博士到初职阶段，高被引科学家机构迁移的比例是78.21%，而国家（地区）迁移的比例为22.10%；在初职到现职阶段，高被引科学家机构迁移的比例是78.58%，而国家（地区）迁移的比例为24.61%。总体而言，高被引科学家在各个阶段的机构迁移比例都比国家（地区）迁移比例高出50多个百分点（见图5-2）。

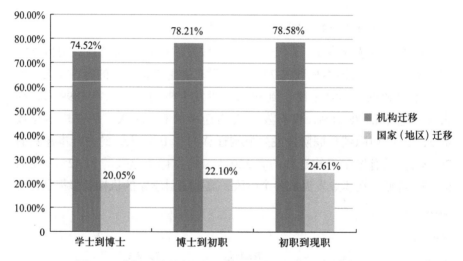

图5-2　高被引科学家机构迁移与国家（地区）迁移情况比较

二、高被引科学家向世界一流大学集聚呈现阶段性特征

在本书的样本中，学士到博士阶段发生机构迁移的高被引科学家共有1591人，其中迁入2012年ARWU 1～100名大学的高被引科学家占该阶段发生机构迁移总人数的78.38%，而从2012年ARWU 1～100名大学迁出的高被引科学家占总人数的40.67%，故高被引科学家集聚于2012年ARWU 1～100名大学的比例为37.71%；而博士到初职阶段发生机构迁移的高被引科学家共1899人，其中迁入2012年ARWU 1～100名大学的占总人数的50.77%，从2012年ARWU 1～100名大学迁出的占总人数的73.30%，故该阶段高被引科学家没有在2012年ARWU 1～100名大学集聚，迁入与迁出的比例为-22.53%；初职到现职阶段发生机构迁移的高被引科学家共1908人，其中迁入2012年ARWU 1～100名大学的占总人数的64.10%，从2012年ARWU 1～100名大学迁出的占总人数51.57%，故该阶段高被引科学家集聚于2012年ARWU 1～100名大学的比例为

12.53%。由此可见，高被引科学家向名校集聚在不同的阶段有明显的差异（见图 5-3）。概括而言，关于机构迁移，高被引科学家向名校集聚的现象主要出现在学士到博士、初职到现职这两个阶段，下文将对不同阶段具体的机构迁移特征与原因分析。

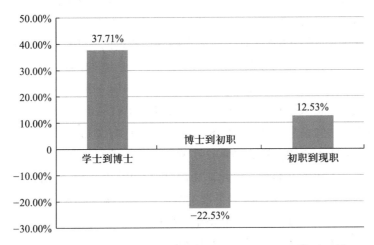

图 5-3 高被引科学家向 2012 年 ARWU 1～100 名大学集聚的情况

第二节 学士到博士阶段高被引科学家向名校集聚的特征与原因分析

培养具有拔尖学术能力的理论研究型人才不仅能够促进研究型大学科研水平的提高和学术地位的提升，还能为高校的师资储备力量。[1] 研究型大学是培养科研人才的重要场所。研究型大学的声誉是科学家在选择攻读博士学位院校时的一个重要考虑因素。[2] 从高被引科学家在学士到博士阶段的迁移情况来看，高被引科学家明显地向世界一流大学集聚，这也进一步凸显了世界一流大学在培养科技精英人才方面的卓越地位。

一、世界一流大学成为高被引科学家在学士到博士阶段集聚的主要场所

在本书所选样本中，有完整学士和博士机构信息的高被引科学家样本为 2135 人，其中 74.52% 的高被引科学家在学士到博士阶段发生了机构

---

① 龙献忠：《论研究生教育在我国研究型大学形成中的作用》，《科技导报》2003 年第 4 期。

② Debackere, K. & Rappa, M. A., 1992: "Scientists at Major and Minor Universities: Mobility Along the Prestige Continuum", *Research Policy* 24（1）: 137–150.

迁移。根据 2012 年 ARWU，本书对高被引科学家在学士到博士阶段发生迁移的机构进行了分类统计，发现在学士到博士阶段发生机构迁移的高被引科学家有 1591 人，其中迁入 2012 年 ARWU 1~100 名大学的有 1247 人，约占总人数的 78.38%；迁入 2012 年 ARWU 101~200 名大学的有 116 人，约占总人数的 7.29%；迁入 2012 年 ARWU 201~500 名大学的有 144 人，约占总人数的 9.05%；迁入 2012 年 ARWU 500 名以外大学的有 74 人，约占总人数的 4.65%；迁入非大学的其他机构的有 10 人，约占总人数的 0.63%。而从 2012 年 ARWU 1~100 名大学迁出的高被引科学家有 647 人，约占总人数的 40.67%；从 2012 年 ARWU 101~200 名大学迁出的有 197 人，约占总人数的 12.38%；从 2012 年 ARWU 201~500 名大学迁出的有 267 人，约占总人数的 16.78%；从 2012 年 ARWU 500 名以外的大学迁出的有 473 人，约占总人数的 29.73%；从非大学的其他机构迁出的有 7 人，约占总人数的 0.44%。因此，2012 年 ARWU 1~100 名的大学成为高被引科学家在学士到博士阶段集聚的唯一一类机构，集聚了 37.71% 的高被引科学家，共 600 人；而其他类型的机构在这一阶段都没有形成高被引科学家集聚的现象，特别是 2012 年 ARWU 500 名之外的大学，在机构迁移中净流失了 399 人，集聚的比例为 -25.08%（见表 5-1）。

表 5-1　高被引科学家在学士到博士阶段机构迁移过程中于不同机构组集聚的情况

机构组	迁入与迁出比例之差/% （人数之差/人）	迁入比例/% （人数/人）	迁出比例/% （人数/人）
2012 年 ARWU 1~100 名大学	37.71（600）	78.38（1247）	40.67（647）
2012 年 ARWU 101~200 名大学	-5.09（-81）	7.29（116）	12.38（197）
2012 年 ARWU 201~500 名大学	-7.73（-123）	9.05（144）	16.78（267）
2012 年 ARWU 500 名以外大学	-25.08（-399）	4.65（74）	29.73（473）
非大学的其他机构	0.19（3）	0.63（10）	0.44（7）
总计	0	100（1591）	100（1591）

注：迁入比例=该阶段迁入该机构组的总人数/该阶段发生机构迁移的总人数 ×100%；迁出比例=该阶段从该机构组迁出的总人数/该阶段发生机构迁移的总人数 ×100%。

从具体的学校来看，高被引科学家在学士到博士阶段集聚的人数排名前十名的世界一流大学全部都是美国的大学，包括：斯坦福大学、麻省理工学院、加州大学－伯克利、哈佛大学、芝加哥大学、伊利诺伊大学厄巴纳－香槟分校、康奈尔大学、耶鲁大学、得克萨斯大学奥斯汀分校、密歇根大学－安娜堡（见表 5-2）。其中有七所大学进入了 2012 年 ARWU 前 20 名，且这十所大学皆是美国大学协会（Association of American Universities，简称 AAU）成员。

表 5-2　高被引科学家在学士到博士阶段集聚的人数排名前十名的世界一流大学

大学名称	国家	2012年 ARWU	迁入与迁出比例之差/%（人数之差/人）	迁入比例/%（人数/人）	迁出比例/%（人数/人）
得克萨斯大学奥斯汀分校	美国	35	1.38（22）	1.51（24）	0.13（2）
伊利诺伊大学厄巴纳－香槟分校	美国	25	1.63（26）	2.20（35）	0.57（9）
密歇根大学－安娜堡	美国	22	1.32（21）	2.26（36）	0.94（15）
康奈尔大学	美国	13	1.45（23）	2.83（45）	1.38（22）
耶鲁大学	美国	11	1.45（23）	2.83（45）	1.38（22）
芝加哥大学	美国	9	1.89（30）	2.33（37）	0.44（7）
加州大学－伯克利	美国	4	3.27（52）	4.53（72）	1.26（20）
麻省理工学院	美国	3	3.83（61）	5.28（84）	1.45（23）
斯坦福大学	美国	2	4.46（71）	5.09（81）	0.63（10）
哈佛大学	美国	1	2.77（44）	5.53（44）	2.77（44）

注：迁入比例=该阶段迁入该校的总人数/该阶段发生机构迁移的总人数 ×100%；迁出比例=该阶段从该校迁出的总人数/该阶段发生机构迁移的总人数 ×100%。

二、高被引科学家在学士到博士阶段由不同机构组向世界一流大学集聚的情况有差异

在本书的样本中，学士到博士阶段，高被引科学家从 2012 年 ARWU 1～100 名大学迁入其他机构组的人数是 94，而从其他机构组迁入 2012 年 ARWU 1～100 名大学的人数是 694，因此，在该阶段共 600 名高被引科学家集聚在 2012 年 ARWU 1～100 名的大学。通过进一步分析这 600 名高被引科学家的来源机构可以发现，其中 117 人是从 2012 年 ARWU 101～200 名大学集聚而来，约占总人数的 19.50%；158 人来自 2012 年 ARWU 201～500 名大学，约占总人数的 26.33%；324 人来自 2012 年 ARWU 500 名之外的大学，约占总人数的 54.00%；1 人来自非大学的其他

机构，约占总人数的 0.17%（见图 5-4）。可见，学士到博士阶段，由不同大学和机构组向世界一流大学集聚的高被引科学家人数有显著差别。

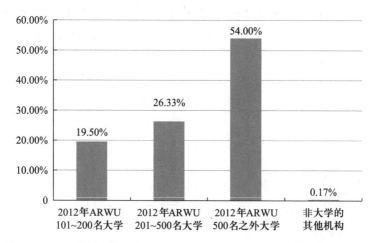

图 5-4　学士到博士阶段集聚在世界一流大学的高被引科学家来源机构分布

三、学士到博士阶段的机构迁移与集聚对高被引科学家机构分布的影响

在本书中有完整学士和博士机构信息的高被引科学家样本共 2135 名，其中学士阶段由 2012 年 ARWU 1～100 名大学培养的有 1019 人，约占总人数的 47.73%；由 2012 年 ARWU 101～200 名大学培养的有 278 人，约占总人数的 12.93%；由 2012 年 ARWU 201～500 名大学培养的有 333 人，约占总人数的 15.60%；由 2012 年 ARWU 500 名之外的大学培养的有 500 人，约占总人数的 23.42%；由非大学的其他机构培养的有 7 人，约占总人数的 0.33%。可见，培养学士数量最多的是 2012 年 ARWU 1～100 名的大学，但比例不足总人数的一半；次多的是其他大学，有大约 1/4 的高被引科学家是在这一类大学接受的学士教育。

博士阶段高被引科学家在不同机构组之间的分布发生了显著的变化（见图 5-5），由 2012 年 ARWU 1～100 名大学培养的博士有 1619 人，约占总人数的 75.83%，与学士阶段相比，增长了近 30 个百分点。由 2012 年 ARWU 101～200 名大学培养的博士有 194 人，约占总人数的 9.09%；由 2012 年 ARWU 201～500 名大学培养的博士有 211 人，约占总人数的 9.88%；由其他大学培养的博士有 101 人，约占总人数 4.73%；由非大学的其他机构培养的博士有 10 人，约占总人数的 0.47%。与学士阶段相比，高被引科学家在 2012 年 ARWU 1～100 名大学和在 2012 年 ARWU 500 名之外大学的集聚比例变化最为明显。

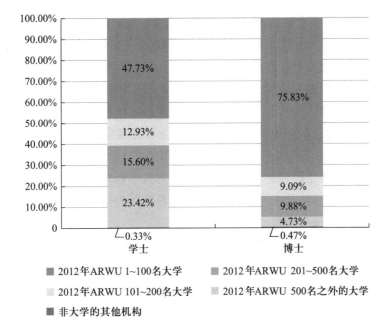

图 5-5　从学士到博士阶段高被引科学家机构分布的变化图

四、学士到博士阶段高被引科学家向名校集聚的原因分析

世界一流大学在科研和博士生培养方面有得天独厚的优势，对于优秀学生或学者来说具有很大的吸引力。有强烈学术期待的学生或教师在聚集到卓越大学之后，就有可能成为未来的学术大师。[①] 这是因为最好的研究型大学选择最好的学生，最好的学生追随最好的导师，从而他们更有机会成为新一代最有成就的科学家。[②]

学士到博士阶段，高被引科学家集聚的大学主要是 2012 年 ARWU 1～100 名的大学，其中集聚人数排名前十名的大学还是 AAU 的成员。AAU 是一个主要由美国一流的公立和私立研究型大学组成的组织，居于美国国家创新体系和高等教育体系的核心，是美国顶尖的一流研究型大学群落。据悉，AAU 大学在绝大多数学科领域都承担了全国一半以上的博士生培养任务，尤其是在自然科学、工程科学和人文科学领域，博士学位的授予比例都在 60% 以上。[③] 以斯坦福大学为例，2011 年斯坦福大学授予

---

① 刘少雪：《大学与大师：谁成就了谁——以诺贝尔科学奖获得者的教育和工作经历为视角》，《高等教育研究》2012 年第 2 期。

② Crane，D.，1965："Scientists at Major and Minor Universities：A Study of Productivity and Recognition"，*American Sociological Review* 30（5）：699–714.

③ 饶燕婷、王琪：《走进世界名校：美国》，上海，上海交通大学出版社，2012 年，第 137 页。

了全美 1.2% 的学士学位和 2.7% 的博士学位。这些大学在博士研究生培养中的重要地位和作用由此可见一斑。高被引科学家在学士到博士阶段的机构迁移过程中集聚在这些世界一流大学，与朱克曼对美国诺贝尔奖获得者的分析结论相似。故学士到博士阶段，高被引科学家的机构迁移与集聚的趋势基本符合优势累积理论的学者对精英人才优势累积规律的分析，即"科学界超级精英的未来成员集中在名牌学校的现象，早就出现在选择性的教育过程中"[1]。虽然不能说最优秀的研究生都进入了这些大学，但能够进入这些大学接受教育并获得博士学位，对入学者未来的职业发展自然具有无法比拟的优势。这些大学的研究生教育经历为他们的职业成功提供了不争的加速器或催化剂。[2]

此外，从学士到博士阶段，世界一流大学对科技精英人才的吸引力还受到国家（地区）政策的影响。该阶段，2012 年 ARWU 1 ~ 100 名的世界一流大学集聚未来的高被引科学家的总数从 1019 人增长到 1619 人，净流入 600 名未来的高被引科学家，然而从这些大学的国家（地区）分布情况来看，美国的世界一流大学净流入 616 名，其他七国集团国家的世界一流大学净流入 6 名，而在其他创新型国家（地区）的世界一流大学，净流失 22 名，可见相较于美国，其他国家（地区）的世界一流大学在吸引优秀学生方面的表现稍显逊色。

美国是世界上高等教育非常发达的国家，无论教育体系的规模，还是教育质量，都可以称得上是世界高等教育强国。在 2012 年 ARWU 前 500 名的大学中，约 30% 的大学在美国，共 153 所；2012 年 ARWU 1 ~ 100 名大学中，56% 的大学在美国，共 56 所；2012 年 ARWU 1 ~ 50 名大学中，72% 的大学在美国，共 36 所；2012 年 ARWU 1 ~ 20 名大学中，85% 的大学在美国，共 17 所；2012 年 ARWU 1 ~ 10 名大学中，80% 的大学在美国，共 8 所。[3] 因此，对于计划攻读博士学位的优秀学生而言，美国成为其首选国家也就不足为奇了。其他七国集团国家，特别是加拿大和英国，其高等教育系统在全球高等教育市场也是居于领先地位的，但它们在学士到博士阶段对科技精英人才的吸引力与美国相比有比较大的差距。美国重视博

① 〔美〕哈里特·朱克曼：《科学界的精英——美国的诺贝尔奖金获得者》，周叶谦、冯世则译，北京，商务印书馆，1979 年，第 118 页。
② 刘少雪：《大学与大师：谁成就了谁——以诺贝尔科学奖获得者的教育和工作经历为视角》，《高等教育研究》2012 年第 2 期。
③ 《2012 世界大学学术排名》，https://www.shanghairanking.cn/rankings/arwu/2012，最后访问日期：2023 年 4 月 20 日。

士生教育且对其投入很大。例如，美国成立了专门的机构——美国国家研究委员会，对全美的博士学科点进行调查与评估。该委员会是美国国家科学院和美国国家工程院下属的重要工作部门，是一个得到美国国会特许、为联邦政府和公众提供科技咨询的私立非营利机构，主要负责对美国研究型大学博士学科点开展评估，而美国联邦政府也会以美国国家研究委员会"博士点排名"为依据来确定科研拨款与合约的分配，进而推动美国研究型大学博士点的建设与发展，并提高博士教育的质量。[①]

此外，与其他七国集团国家相比，美国是较早关注留学生教育的国家，从第二次世界大战后至20世纪70年代，为了扩大政治影响力，美国对留学生教育给予了充分关注，并通过联合国教科文组织协调有关事宜。此后，美国又相继出台一系列涉及留学生教育的法案，使得这一时期美国留学生教育进入迅猛发展阶段。[②] 同时，美国的大学为他们提供了巨额奖学金、一流的师资力量和便利的研发环境。[③]

由此可见，大学在培养博士研究生方面的实力是促使高被引科学家在学士到博士阶段向名校集聚的重要原因，而国家（地区）对留学生教育的重视程度则影响到名校吸引高被引科学家集聚的广度。

第三节 博士到初职阶段高被引科学家向名校集聚的特征与原因分析

著名的研究型大学，特别是那些世界一流的研究型大学，是兼具良好声望与优越工作环境的机构。毕业后能在这些大学获得职位也是绝大多数博士学位获得者对自身职业发展的期望。[④] 但在现实生活中，由于种种原因，高被引科学家在获得博士学位后，并不一定能够集聚在大学特别是那些著名大学中，而是不得不从那些著名大学向其他机构迁移与集聚。

一、博士到初职阶段高被引科学家向非大学的其他机构集聚

在本书中，有完整的博士和初职机构信息的高被引科学家样本有2428人，其中1899人在博士到初职阶段发生了机构迁移，占总人数的

---

① 饶燕婷、王琪：《走进世界名校：美国》，上海，上海交通大学出版社，2012年，第186页。
② 刘巍：《美国留学生教育的发展及启示》，《学理论》2010年第25期。
③ 田方萌：《海外移民≠人才流失》，《文化纵横》2012年第1期。
④ Sauermann, H. & Roach, M., 2012: "Science PhD Career Preferences: Levels, Changes, and Advisor Encouragement", *PLoS One* 7（5）: e36307.

78.21%。根据 2012 年 ARWU，通过对高被引科学家机构进行分类统计，本书发现迁入 2012 年 ARWU 1～100 名大学的高被引科学家有 964 人，约占总人数的 50.77%；迁入 2012 年 ARWU 101～200 名大学的有 150 人，约占总人数的 7.90%；迁入 2012 年 ARWU 201～500 名大学的有 182 人，约占总人数的 9.58%；迁入 2012 年 ARWU 500 名之外大学的有 127 人，约占总人数的 6.69%；迁入非大学的其他机构的有 476 人，约占总人数的 25.07%。而从 2012 年 ARWU 1～100 名大学迁出的有 1392 人，约占总人数的 73.30%；从 2012 年 ARWU 101～200 名大学迁出的有 185 人，约占总人数的 9.74%；从 2012 年 ARWU 201～500 名大学迁出的有 212 人，约占总人数的 11.16%；从 2012 年 ARWU 500 名之外的大学迁出的有 92 人，约占总人数的 4.84%；从非大学的其他机构迁出的有 18 人，约占总人数的 0.95%。博士到初职阶段，2012 年 ARWU 前 500 名的大学都没有出现高被引科学家集聚的现象，而非大学的其他机构成为该阶段高被引科学家集聚的主要场所，吸引了 24.12% 的高被引科学家，共 458 人（见表 5-3）。通过进一步对非大学的其他机构特征进行分析，本书得出在集聚该类机构的 458 名高被引科学家中，有 176 人集聚国家科研机构，约占总人数的 38.43%；有 145 人集聚非营利的独立科研机构，约占总人数的 31.66%；有 137 人集聚企业研发机构，约占总人数的 29.91%。可见，在博士到初职阶段的机构迁移过程中，国家科研机构是高被引科学家集聚的主要平台。

表 5-3　高被引科学家在博士到初职阶段机构迁移过程中于不同机构组的集聚情况

机构组	迁入与迁出比例/%（人数之差/人）	迁入比例/%（人数/人）	迁出比例/%（人数/人）
2012 年 ARWU 1～100 名大学	−22.53（−428）	50.77（964）	73.30（1392）
2012 年 ARWU 101～200 名大学	−1.84（−35）	7.90（150）	9.74（185）
2012 年 ARWU 201～500 名大学	−1.58（−30）	9.58（182）	11.16（212）
2012 年 ARWU 500 名之外的大学	1.85（35）	6.69（127）	4.84（92）
非大学的其他机构	24.12（458）	25.07（476）	0.95（18）
总计	0	100（1899）	100（1899）

注：迁入比例=该阶段迁入该机构组的总人数/该阶段发生机构迁移的总人数 ×100%；迁出比例=该阶段从该机构组迁出的总人数/该阶段发生机构迁移的总人数 ×100%。

从具体大学来看，在博士到初职阶段的机构迁移与集聚过程中，流失人数排名前十名的世界一流大学中，有 8 所是美国的大学，分别是：斯坦福大学、康奈尔大学、麻省理工学院、耶鲁大学、加州大学 – 伯克利、密歇根大学 – 安娜堡、得克萨斯大学奥斯汀分校、哈佛大学；有两所是英国的大学，分别是：剑桥大学和牛津大学（见表 5–4）。这 10 所大学中，有 8 所是 2012 年 ARWU 前 20 名的世界顶尖大学，有 8 所是 AAU 的成员，有两所是英国最好的研究型大学，这些大学都是高层次精英人才的主要培养基地。但这类学校在选聘教师时有一个特点，就是一般不直接选留本校获博士学位的毕业生。以哈佛大学为例，该校毕业生直接留任教师的比例极低，一般保持在 15% 以下。不仅对本校毕业生如此，很多学校还不考虑招聘刚走出校门的毕业生，而侧重招募具有一定工作经历的人才。[①]

表 5–4　博士到初职阶段高被引科学家流失人数排名前十名的世界一流大学

大学名称	国家	2012 年 ARWU	迁入与迁出比例之差/%（人数之差/人）	迁入比例/%（人数/人）	迁出比例/%（人数/人）
得克萨斯大学奥斯汀分校	美国	35	−0.84（−16）	0.53（10）	1.37（26）
密歇根大学 – 安娜堡	美国	22	−0.95（−18）	0.79（15）	1.74（33）
康奈尔大学	美国	13	−1.48（−28）	0.90（17）	2.37（45）
耶鲁大学	美国	11	−1.21（−23）	1.27（24）	2.48（47）
牛津大学	英国	10	−1.37（−26）	0.69（13）	2.06（39）
剑桥大学	英国	5	−1.53（−29）	1.11（21）	2.64（50）
加州大学 – 伯克利	美国	4	−1.21（−23）	2.79（53）	4.01（76）
麻省理工学院	美国	3	−1.48（−28）	2.79（53）	4.27（81）
斯坦福大学	美国	2	−1.58（−30）	2.32（44）	3.90（74）
哈佛大学	美国	1	−0.74（−14）	3.85（73）	4.59（87）

注：迁入比例=该阶段迁入该校的总人数/该阶段发生机构迁移的总人数 ×100%；迁出比例=该阶段从该校迁出的总人数/该阶段发生机构迁移的总人数 ×100%。

综上，在博士到初职阶段，高被引科学家从大学向非大学的其他机构，主要向国家科研机构集聚，且从大学分组来看，从 2012 年 ARWU 1 ~ 100 名大学向非大学的其他机构集聚的高被引科学家的人数最多。

---

① 杨丽丽：《美国著名大学教师聘任制研究》，华中科技大学硕士学位论文，2006 年。

二、博士到初职阶段高被引科学家在大学之间的迁移与集聚

在博士到初职阶段有机构迁移行为的 1899 名高被引科学家中，有 1408 人是在大学与大学之间进行迁移，约占总人数的 74.14%，可见高被引科学家在博士到初职阶段的机构迁移主要发生在校际。就高被引科学家校际迁移的情况来看，迁入 2012 年 ARWU 1~100 名大学的有 956 人，约占总人数的 67.89%；迁入 2012 年 ARWU 101~200 名大学的有 150 人，约占总人数的 10.65%；迁入 2012 年 ARWU 201~500 名大学的有 179 人，约占总人数的 12.71%；迁入 2012 年 ARWU 500 名之外大学的有 123 人，约占总人数的 8.74%。而从 2012 年 ARWU 1~100 名大学迁出的有 1067 人，约占总人数的 75.78%；从 2012 年 ARWU 101~200 名大学迁出的有 126 人，约占总人数的 8.95%；从 2012 年 ARWU 201~500 名大学迁出的有 148 人，约占总人数的 10.51%；从 2012 年 ARWU 500 名之外的大学迁出的有 67 人，约占总人数的 4.77%（见表5-5）。

表 5-5　博士到初职阶段高被引科学家校际迁移与集聚的情况

大学组	迁入与迁出比例之差/%（人数之差/人）	迁入比例/%（人数/人）	迁出比例/%（人数/人）
2012 年 ARWU 1~100 名大学	−7.89（−111）	67.89（956）	75.78（1067）
2012 年 ARWU 101~200 名大学	1.70（24）	10.65（150）	8.95（126）
2012 年 ARWU 201~500 名大学	2.20（31）	12.71（179）	10.51（148）
2012 年 ARWU 500 名之外的大学	3.97（56）	8.74（123）	4.77（67）
总计	0	100（1408）	100（1408）

注：迁入比例=该阶段从其他大学组迁入到该大学组的人数/该阶段发生校际迁移的总人数 × 100%；迁出比例=该阶段从该大学组迁入到其他大学组的人数/该阶段发生校际迁移的总人数 × 100%。

可见，高被引科学家在博士到初职阶段的校际迁移与集聚，虽然由 2012 年 ARWU 1~100 名的大学迁入和迁出的高被引科学家数量比较多，但该阶段高被引科学家并没有在 2012 年 ARWU 1~100 名大学中集聚，反而在其他的大学组集聚。

三、博士到初职阶段的机构迁移与集聚对高被引科学家机构分布的影响

在有完整博士和初职机构信息的 2428 名高被引科学家中，博士由 2012 年 ARWU 1~100 名大学培养的有 1775 人，约占总人数的 73.11%；

由 2012 年 ARWU 101~200 名大学培养的有 249 人，约占总人数的 10.26%；由 2012 年 ARWU 201~500 名大学培养的有 262 人，约占总人数的 10.79%；由 2012 年 ARWU 500 名之外大学培养的有 119 人，约占总人数的 4.90%；由非大学的其他机构培养的有 23 人，约占总人数的 0.95%。而经过博士到初职阶段的机构迁移与集聚之后，高被引科学家在不同机构组之间的分布也发生了变化。其中在 2012 年 ARWU 1~100 名大学和其他机构的分布比例变化最为突出。高被引科学家在 2012 年 ARWU 1~100 名大学的人数减少到 1347 人，所占比例下降到 55.48%；在非大学的其他机构的人数增加到 481 人，比例上升到 19.81%。而在其他机构组的分布如下：在 2012 年 ARWU 101~200 名大学的人数减少到 214 人，约占 8.81%；在 2012 年 ARWU 201~500 名大学的人数减少到 232 人，约占 9.56%；在 2012 年 ARWU 500 名之外大学的人数增加到 154 人，约占 6.34%（见图 5-6）。

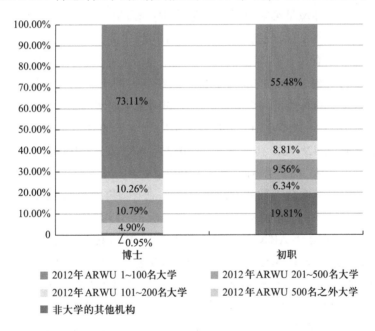

图 5-6　博士到初职阶段高被引科学家机构分布的变化图

可见，经过博士到初职阶段的机构迁移与集聚，高被引科学家在不同机构组之间的分布情况发生了变化，最明显的变化就是在其他机构的分布比例显著提高，而在世界一流大学的分布比例显著降低。

四、博士到初职阶段名校流失高被引科学家的原因分析

从已有的研究来看，无论朱克曼对诺贝尔奖获得者的研究，还是国内外学者对研究型大学教师的分析，都得出一致的结论，即研究对象就读博士学位机构的声誉越高，在名牌大学和著名机构获得初职的可能性就越大。而在本节中，在博士毕业于 2012 年 ARWU 1～100 名大学的高被引科学家中，有 80% 以上在获得博士学位后进行了机构迁移，而其中又有约 50% 的高被引科学家在这一阶段没有在其他 2012 年 ARWU 1～100 名的一流大学获得初职，只能受聘于 2012 年 ARWU 100 名之外的大学或者非大学的其他机构。这一现象出现的原因与世界一流大学在博士阶段培养的人才数量众多不无关系，但也反映出世界一流大学在优秀博士毕业生聘任方面有一定的局限性。

在参与了本书关于科技精英人才职业迁移影响因素问卷调查的高被引科学家中，有 71.57% 的高被引科学家博士毕业于 2012 年 ARWU 1～100 名的大学。在参与了问卷调查的高被引科学家中，有 67.12% 的高被引科学家认为工作环境是影响其选择初职非常重要的因素，有 51.38% 的高被引科学家认为个人专业发展是影响其选择初职非常重要的因素。而从上述分析中还可以看出，在博士到初职阶段，世界一流大学是高被引科学家流失最多的机构，大量的高被引科学家在获得博士学位后，从世界一流大学向非大学的其他机构组集聚。且不同国家（地区）组的这一情况基本相似。从 2012 年 ARWU 1～100 名大学向非大学的其他机构组集聚的高被引科学家共 428 人，其中从美国 2012 年 ARWU 1～100 名大学流失的共 224 人，占从 2012 年 ARWU 1～100 名大学向非大学的其他机构组集聚的高被引科学家总人数的 52.34%；从其他七国集团国家 2012 年 ARWU 1～100 名大学流失的共 143 人，占总人数的 33.41%；从其他创新型国家（地区）2012 年 ARWU 1～100 名大学流失的共 58 人，占总人数的 13.55%；从其他国家 2012 年 ARWU 1～100 名大学流失的共 3 人，占总人数的 0.70%。可见，在这一阶段的高被引科学家机构迁移与集聚过程中，不同国家（地区）组的世界一流大学无一例外呈现人才净流失的现象。

"对于博士学位获得者来说，没有在研究机构工作是一个不情愿的选择，最主要的推力就是缺少工作机会，缺乏工作安全感。"[1]2006 年，美国国家科学基金会对博士学位获得者的调查结果显示，在博士毕业五六年内，能获得终身教职的博士学位获得者的比例是非常低的（生物科学领域仅 14%、物理学领域 21%、化学领域 23%），许多博士学位获得者毕业

---

[1] Schwabe, M., 2011: "The Career Paths of Doctoral Graduates in Austria", *European Journal of Education* 46（1）: 153–168.

后选择在工业界就职（生物科学领域 23%、物理学领域 34%、化学领域 46%）。可见，博士学位获得者获得大学教职的需求与大学的教职供给之间是不平衡的。[①] 博士学位获得者毕业后能在大学获得长期教职的比例是比较低的。[②] 而短期的教职对这些年轻的学者来说就像是延长试用期的工作，是没有安全感的工作。[③]

与此同时，非大学的其他机构对高被引科学家也存在一些正面的拉力作用。一些非大学的其他机构为了自身发展，不断创造更好的学术环境去吸引优秀的研究生，如提供发表论文的机会、与更大的科学团体交流的机会、创业的机会。[④] 在集聚非大学的其他机构的未来的高被引科学家中，有 38.43% 的高被引科学家集聚国家科研机构，其中 60.23% 的高被引科学家又集聚美国的国家科研机构。以美国为例，美国的国家科研机构配备大量大型先进科学实验装置与仪器，用人制度灵活多元，根据科学家和技术人员的不同层次，采用不同合同期限制度，一般研究人员聘期为 2～3 年，优秀研究人员合同期限适当延长。[⑤] 政府直接管理，其人事管理完全按照"政府机构与雇员法"规定进行，采用政府职员所用的 18 级工资制。[⑥]

上述推拉力的双重作用就有可能促使优秀的博士毕业生从大学向非大学的其他机构集聚。故"对大学来讲，当它与其他用人部门展开劳动力竞争时，薪酬和服务条件有着重要影响。尤其是有关学术职业基层人员、聘用身份和职业前景等方面的问题需要一种更为积极的人事管理。对大学来讲，作为一个有吸引力的雇主，建立一套弹性的、开放的聘任和职业评价制度是有益的"[⑦]。

① Sauermann，H. & Roach，M.，2012："Science PhD Career Preferences：Levels，Changes，and Advisor Encouragement"，*PLoS One* 7（5）：e36307.

② Van de Schoot，R.，Yerkes，M. & Sonneveld，H.，2012："The Employment Status of Doctoral Recipients：An Exploratory Study in the Netherlands"，*International Journal of Doctoral Studies* 7（1）：331–348.

③ Schwabe，M.，2011："The Career Paths of Doctoral Graduates in Austria"，*European Journal of Education* 46（1）：153–168.

④ Roach，M. & Sauermann，H.，2010："A Taste for Science？PhD Scientists' Academic Orientation and Self-Selection into Research Careers in Industry"，*Research Policy* 39（3）：422–434.

⑤ 周岱、刘红玉、叶彩凤等：《美国国家实验室的管理体制和运行机制剖析》，《科研管理》2007 年第 6 期。

⑥ 朱斌：《当代美国科技》，北京，社会科学文献出版社，2001 年，第 161 页。

⑦ 〔美〕菲利普·G. 阿特巴赫主编：《变革中的学术职业：比较的视角》，别敦荣主译，青岛，中国海洋大学出版社，2006 年，第 102 页。

此外，在校际迁移过程中，高被引科学家从世界一流大学向其他较低层次的大学集聚，究其原因，可能是"处于事业起步阶段的青年学者，他们的潜力还没有显现出来，进入顶尖大学的难度自然会比较大，后发型大学因此才会有吸引和造就未来学术大师的可能性"[①]；也有可能是在一流的大学和研究机构里，青年学者升至教授职位的速度比较慢，获得终身教职压力也比较大[②]，而在层次较低的大学，青年学者升至教授的速度可能较快，由此使得层次较低的大学比世界一流大学，对优秀博士学位获得者的吸引力更大。

总而言之，高被引科学家在博士到初职阶段由名校向非大学的其他机构和较低层次大学集聚，这可能主要由于世界一流大学对暂处于初级阶段的学术人员在聘任与晋升方面的限制起到了推力作用，而这一推力作用同时增强了其他机构甚至其他国家（地区）的吸引力。

第四节　初职到现职阶段高被引科学家向名校集聚的特征与原因分析

科技精英人才进行职业迁移，一方面能探寻更多的解决问题的途径，另一方面能扩大自己的科学视野[③]，可以说很多迁移实际上是一种改善职业发展的经历。[④] 当然，并不是所有的机构都能帮助科技精英人才实现职业发展。一般而言，只有那些著名的机构才有可能帮助他们获得较大比例的研究资助，或者获得更多的高水平研究工作的机会，进而实现个人学术职业的提升。[⑤] 如今，高等教育机构或者说大学，正逐渐成为全球经济发展的重要驱动者，它们拥有更好的科研环境和更多的科研资助。因而，大学，特别是其中的著名大学就成为能够帮助科技精英人才成长的主要机构。关于高被引科学家初职到现职阶段的机构迁移与集聚的特征，高被引科学家在初职到现职阶段呈现重新向主要的研究型大学集聚

---

① 刘少雪：《大学与大师：谁成就了谁——以诺贝尔科学奖获得者的教育和工作经历为视角》，《高等教育研究》2012 年第 2 期。

② 〔美〕哈里特·朱克曼：《科学界的精英——美国的诺贝尔奖金获得者》，周叶谦、冯世则译，北京，商务印书馆，1979 年，第 24 页。

③ Ioannidis, J. P., 2004: "Global Estimates of High-Level Brain Drain and Deficit", *The FASEB Journal* 18（9）: 936–939.

④ Bekhradnia, B. & Sastry, T., 2005: "Brain Drain: Migration of Academic Staff to and from the UK", Higher Education Policy Institute.

⑤ Mulkay, M., 1976: "The Mediating Role of the Scientific Elite", *Social Studies of Science*, 6（3–4）: 445–470.

的现象。

一、初职到现职阶段高被引科学家重新向研究型大学集聚

在本书所选样本中，有完整的初职和现职机构信息的高被引科学家有2428人，其中1908人在初职到现职阶段有机构迁移的行为，约占总人数的78.58%。通过对高被引科学家机构进行分类统计，本书发现迁入2012年ARWU 1~100名大学的有1223人，约占总人数的64.10%；迁入2012年ARWU 101~200名大学的有302人，约占总人数的15.83%；迁入2012年ARWU 201~500名大学的有279人，约占总人数的14.62%；迁入2012年ARWU 500名之外大学的有104人，约占总人数的5.45%。而从2012年ARWU 1~100名大学迁出的有984人，约占总人数的51.57%；从2012年ARWU 101~200名大学迁出的有136人，约占总人数的7.13%；从2012年ARWU 201~500名大学迁出的有177人，约占总人数的9.28%；从2012年ARWU 500名之外大学迁出的有130人，约占总人数的6.81%；从非大学的其他机构迁出的有481人，约占总人数的25.21%（见表5-6）。因而，从集聚的情况看，在2012年ARWU前500名的大学都出现了高被引科学家从初职到现职阶段集聚的现象，其中在2012年ARWU 1~100名的大学集聚的高被引科学家人数比例为12.53%，共239人；在2012年ARWU 101~200名的大学集聚的高被引科学家比例为8.70%，共166人；在2012年ARWU 201~500名的大学集聚的高被引科学家比例为5.34%，共102人。而在2012年ARWU 500名之外的大学及非大学的其他机构没有出现高被引科学家的集聚的现象。

表5-6　高被引科学家在初职到现职阶段机构迁移过程中在不同机构组的集聚情况

机构组	迁入与迁出比例/%（人数之差/人）	迁入比例/%（人数/人）	迁出比例/%（人数/人）
2012年ARWU 1~100名大学	12.53（239）	64.10（1223）	51.57（984）
2012年ARWU 101~200名大学	8.70（166）	15.83（302）	7.13（136）
2012年ARWU 201~500名大学	5.34（102）	14.62（279）	9.28（177）
2012年ARWU 500名之外的大学	−1.36（−26）	5.45（104）	6.81（130）
非大学的其他机构	−25.21（−481）	0	25.21（481）
总计	0	100（1908）	100（1908）

注：迁入比例=该阶段迁入该机构组的总人数/该阶段发生机构迁移的总人数 ×100%；迁出比例=该阶段从该机构组迁出的总人数/该阶段发生机构迁移的总人数 ×100%。

非大学的其他机构成为净流失人数最多的机构组，共流失了 481 人，其中 194 人是从国家科研机构迁出的，约占总人数的 40.33%；150 人是从非营利独立科研机构迁出的，约占总人数的 31.19%；137 人是从企业研发机构迁出的，约占总人数的 28.48%。可见，在初职到现职阶段的机构迁移过程中，许多高被引科学家从国家科研机构向大学回归。

在具体大学层面，在 2012 年 ARWU 1～100 名大学中，初职到现职阶段高被引科学家集聚人数排名前十名的大学全部都是美国的大学，分别是：加州大学－戴维斯、宾夕法尼亚大学、加州大学－圣塔芭芭拉、斯坦福大学、加州大学－圣地亚哥、西北大学、密歇根大学－安娜堡、范德比尔特大学、罗格斯大学新布朗斯维克分校、得克萨斯大学奥斯汀分校（见表 5-7）。这些大学基本上都是 AAU 的成员。[①]

综上，在初职到现职阶段的机构迁移过程中，高被引科学家从其他机构向一些研究型大学集聚，且在研究型大学中，2012 年 ARWU 1～100 名的大学成为处于该阶段高被引科学家集聚人数最多的机构组。

表 5-7　初职到现职阶段高被引科学家集聚人数排名前十名的世界一流大学

学校名称	国家	2012 年 ARWU	迁入与迁出比例之差/%（人数之差/人）	迁入比例/%（人数/人）	迁出比例/%（人数/人）
罗格斯大学新布朗斯维克分校	美国	61	0.58（11）	0.73（14）	0.16（3）
范德比尔特大学	美国	50	0.58（11）	0.68（13）	0.10（2）
加州大学－戴维斯	美国	47	1.15（22）	1.47（28）	0.31（6）
得克萨斯大学奥斯汀分校	美国	35	0.58（11）	1.00（19）	0.42（8）
加州大学－圣塔芭芭拉	美国	34	0.94（18）	1.31（25）	0.37（7）
西北大学	美国	30	0.63（12）	1.42（27）	0.79（15）
密歇根大学－安娜堡	美国	22	0.58（11）	1.36（26）	0.79（15）
加州大学－圣地亚哥	美国	15	0.63（12）	1.47（28）	0.84（16）
宾夕法尼亚大学	美国	14	0.94（18）	1.73（33）	0.79（15）
斯坦福大学	美国	2	0.79（15）	2.99（57）	2.20（42）

注：迁入比例=该阶段迁入该校的总人数/该阶段发生机构迁移的总人数 ×100%；迁出比例=该阶段从该校迁出的总人数/该阶段发生机构迁移的总人数 ×100%。

---

① 饶燕婷、王琪：《走进世界名校：美国》，上海，上海交通大学出版社，2012 年，第 133 页。

二、初职到现职阶段高被引科学家在大学之间的迁移与集聚现象

在初职到现职阶段发生机构迁移的 1908 名高被引科学家中，有 1427 人是在大学与大学之间进行的迁移，约占总人数的 74.79%。从校际迁移的情况来看，高被引科学家在 2012 年 ARWU 101～500 名的大学集聚，而在 2012 年 ARWU 1～100 名大学没有形成高被引科学家的集聚现象。具体而言，在校际迁移的过程中，迁入 2012 年 ARWU 1～100 名大学的有 921 人，约占总人数的 64.54%；迁入 2012 年 ARWU 101～200 名大学的有 213 人，约占总人数的 14.93%；迁入 2012 年 ARWU 201～500 名大学的有 217 人，约占总人数的 15.21%；迁入 2012 年 ARWU 500 名之外大学的有 76 人，约占总人数的 5.33%。而从 2012 年 ARWU 1～100 名大学迁出的有 984 人，约占总人数的 68.95%；从 2012 年 ARWU 101～200 名大学迁出的有 136 人，约占总人数的 9.53%；从 2012 年 ARWU 201～500 名大学迁出的有 177 人，约占总人数的 12.40%；从 2012 年 ARWU 500 名之外的大学迁出的有 130 人，约占总人数的 9.11%（见表 5–8）。

表 5–8 初职到现职阶段高被引科学家校际迁移与集聚的情况

大学组	迁入与迁出比例之差/%（人数之差/人）	迁入比例/%（人数/人）	迁出比例/%（人数/人）
2012 年 ARWU 1～100 名大学	−4.41（−63）	64.54（921）	68.95（984）
2012 年 ARWU 101～200 名大学	5.40（77）	14.93（213）	9.53（136）
2012 年 ARWU 201～500 名大学	2.81（40）	15.21（217）	12.40（177）
2012 年 ARWU 500 名之外的大学	−3.78（−54）	5.33（76）	9.11（130）
总计	0	100（1427）	100（1427）

注：迁入比例=该阶段从其他大学组迁入到该大学组的人数/该阶段发生校际迁移的总人数 × 100%；迁出比例=该阶段从该大学组迁入到其他大学组的人数/该阶段发生校际迁移的总人数 × 100%。

将 2012 年 ARWU 1～100 名的大学进一步划分为 2012 年 ARWU 1～20 名、2012 年 ARWU 21～100 名两组，可以发现，在初职到现职阶段的校际迁移过程中，在 2012 年 ARWU 21～100 名的大学是有高被引科学家集聚现象的。具体来讲，在校际迁移的过程中，迁入 2012 年 ARWU 1～20 名大学的有 410 人，约占总人数的 28.73%，而从 2012 年 ARWU 1～20 名大学迁出的有 563 人，约占总人数的 39.45%；迁入 2012 年 ARWU 21～100 名大学的有 511 人，约占总人数的 35.81%，而从 2012

年 ARWU 21～100 名大学迁出的有 421 人，约占总人数的 29.50%。因此，有 6.31% 的高被引科学家向 2012 年 ARWU 21～100 名大学集聚，共 90 人，而 2012 年 ARWU 1～20 名大学迁入与迁出比例之差为 -10.72%，净流失了 153 人。通过对他们集聚方向的进一步分析可知，在这 153 人中有 86 人集聚于 2012 年 ARWU 21～100 名大学，约占总人数的 56.21%；36 人集聚于 2012 年 ARWU 101～200 名大学，约占总人数的 23.53%；20 人集聚于 2012 年 ARWU 201～500 名大学，约占总人数的 13.07%；11 人集聚于 2012 年 ARWU 500 名之外的大学，约占总人数的 7.19%。也就是说，在初职到现职的校际迁移过程中，高被引科学家从顶尖大学向其他研究型大学集聚，且主要是向 2012 年 ARWU 21～100 名的大学集聚。

三、初职到现职阶段的机构迁移与集聚对高被引科学家机构分布的影响

通过初职到现职阶段的机构迁移与集聚，高被引科学家在不同类型机构的分布情况也发生了改变，主要表现为高被引科学家从非大学的其他机构回到大学，在 2012 年 ARWU 前 500 名大学中的分布比例有所提高。具体包括：在现职阶段，高被引科学家在 2012 年 ARWU 1～100 名大学的人数增加到 1586 人，比例提高到 65.32%；在 2012 年 ARWU 101～200 名大学的人数增加到 380 人，比例提高到 15.65%；在 2012 年 ARWU 201～500 名大学的人数增加到 334 人，比例提高到 13.76%；而在其他大学的人数减少到 128 人，比例降低到 5.27%；在非大学的其他机构的人数和比例则降为 0（见图 5-7）。

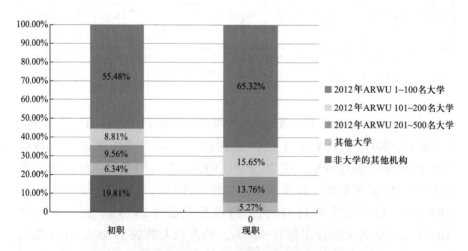

图 5-7　初职到现职阶段高被引科学家机构分布的变化图

初职到现职阶段，高被引科学家机构迁移过程中，在世界一流大学形成了集聚，但在校际迁移中没有在世界一流大学形成集聚，可见，该阶段高被引科学家集聚世界一流大学，主要源于大量高被引科学家从一些非大学的其他机构向世界一流大学迁移。初职到现职阶段，由非大学的其他机构迁入大学的高被引科学家有 481 人，其中 302 人迁入 2012 年 ARWU 1～100 名大学，约占总人数的 62.79%；89 人迁入 2012 年 ARWU 101～200 名大学，约占总人数的 18.50%；62 人迁入 2012 年 ARWU 201～500 名大学，约占总人数的 12.89%；28 人迁入其他大学，约占总人数的 5.82%（见图 5-8）。

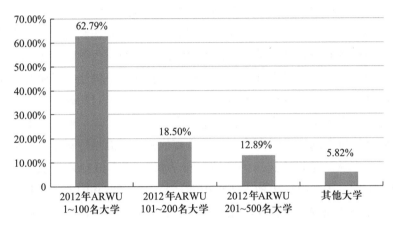

图 5-8　初职到现职阶段由其他机构迁出的高被引科学家的迁入机构的情况

四、初职到现职阶段高被引科学家向名校集聚的原因分析

在已有的研究中，国内外学者都认为初职机构的声望对现职机构的选择是有一定影响的。例如，朱克曼对诺贝尔奖获得者的研究发现，诺贝尔奖获得者倾向于在著名机构获得初职，由此积累的优势又促使其在现职阶段进一步向精英机构聚集。[①] 张新培通过对美国研究型大学 153 名教师机构流动经历分析，发现在 2010 年 ARWU 前 10 名的大学获得初职的教师，现职阶段留在 2010 年 ARWU 前 10 名的比例有 56.5%；在 2010 年 ARWU 11～50 名的大学获得初职的教师，现职阶段留在 2010 年 ARWU 11～50 名大学的比例有 66.7%。但总体来看，初职到现职阶段，大学教师存在着由实验室或研究中心向研究型高校流动的趋势，而从 2010 年 ARWU 前

①〔美〕哈里特·朱克曼：《科学界的精英——美国的诺贝尔奖金获得者》，周叶谦、冯世则译，北京，商务印书馆，1979 年，第 217 页。

100 名的大学向 2010 年 ARWU 100 名之后大学流动的教师人数相对而言是可忽略不计的。因此，张新培认为初职机构声望较高的教师现职所在机构的排名也较高。[①] 从本书的分析来看，初职到现职阶段，高被引科学家的确存在从非大学的其他机构向研究型大学迁移的趋势，但在校际迁移过程中，高被引科学家从世界一流大学向其他层次大学迁入。

本书对科技精英人才职业迁移影响因素调查的结果显示，在初职到现职阶段，工作环境是影响高被引科学家职业迁移非常重要的因素。在参与问卷调查的高被引科学家中，有 26.62% 初职在非大学的其他机构。在这些初职在非大学的其他机构获得职位的高被引科学家中，有 71.62% 认为工作环境是影响其迁入现职非常重要的因素，有 41.10% 认为机构声誉是非常重要的迁移因素。也就是说，高被引科学家在初职到现职阶段由非大学的其他机构向研究型大学集聚，主要是因为研究型大学能满足他们对工作环境的某些需求。研究型大学所特有的优势如一流的研究设施和优良的学术氛围，为科学研究提供了得天独厚的条件。[②] 这可能就是高被引科学家在初职到现职阶段由非大学的其他机构向研究型大学集聚的一个原因。

而其他机构的推力因素，可能就是其他机构对高被引科学家科研兴趣的限制。在从其他机构迁出的高被引科学家中，有 40.33% 是从国家科研机构迁出的。国家科研机构主要承担的是与国家利益和国家安全相关的重大战略性科技问题研究，在研究方向、研究成果上对经济社会发展需求的回应周期长。[③] 而逐渐走向职业发展成熟期的科技精英人才一般都有比较强烈的科研需求，包括喜欢探索基础科学，要求有选择研究课题、发表论文、科学交流的自由。但那些非大学的其他机构可能更偏重应用研究，因而科技精英人才的科研需求在这些机构就会受到一些限制。[④]

至于为什么初职到现职阶段从非大学的其他机构向世界一流大学集聚的高被引科学家人数最多？一方面，可能是因为从非大学的其他机构迁出的高被引科学家对机构声誉比较重视，毕竟声誉较好的大学有着更优越的科研环境。另一方面，可能是因为大学的层次越高，其在教师聘任过程

① 张新培：《大学教师的机构流动与学术成长研究》，华东师范大学硕士学位论文，2011 年。
② 王琪、冯倬琳、刘念才：《面向创新型国家的研究型大学国际竞争力研究》，北京，中国人民大学出版社，2012 年，第 18～19 页。
③ 王俊峰、樊立宏、杨起全：《发达国家国立研究机构的宏观治理结构与改革趋势》，《中国科技论坛》2005 年第 6 期。
④ Roach, M. & Sauermann, H., 2010: "A Taste for Science? PhD Scientists' Academic Orientation and Self-Selection into Research Careers in Industry", *Research Policy* 39（3）: 422-434.

中，越注重教师队伍的多元化建设。以美国为例，在美国高校、企业、政府、科研单位之间人才是可以互相流动的，从教学到政界到产业等多位一体的人才流动模式已经形成。而且按照规定，美国高校的终身制教师是要在全国乃至全世界范围内公开招聘的，因而能够吸引更多的满足条件的候选人，便于招到优秀的人才。对于世界一流的研究型大学来说，学生的多元化也必定要求教师的多元化与之相匹配。[①] 而当高被引科学家对世界一流大学教职的需求与世界一流大学教师招聘多元化的需求相契合时，就有可能实现高被引科学家从非大学的其他机构向世界一流大学的集聚。

此外，初职到现职阶段，高被引科学家在校际迁移过程中，又呈现从世界一流大学向世界著名研究型大学集聚的趋势。从问卷调查的情况来看，在参与问卷调查的高被引科学家中，有 23.38% 初职在 2012 年 ARWU 1~20 名的大学。在这些初职是在世界顶尖大学的高被引科学家中，有 78.46% 认为工作环境是影响其迁移的非常重要的因素，有 52.31% 认为个人专业发展是非常重要的因素，有 46.15% 认为聘任期限是非常重要的因素。而进一步的原因调查结果显示，现在的工作单位为高被引科学家提供了更有挑战性的工作机会，包括建立一个新的学系、实验室等，是被调查者反映比较集中的使得他们最终决定迁移的动因。众所周知，世界一流大学，特别是世界顶尖大学都有很长的发展历史，学科门类齐全，设有若干个专业学院或者学部，且学科专业实力突出。[②] 例如，牛津大学现设 16 个学部，共开设 50 个单学科或跨学科的专业；哈佛大学由 31 个学院和 100 多个系组成，有 46 个专业在 2022 年软科世界一流学科排名入榜；哈佛大学共有 12 个学院，有 45 个专业在 2022 年软科世界一流学科排名入榜，而其中排名世界第一的有 16 个专业。[③] 那么，高被引科学家在这些学科齐备、人才济济的世界一流大学抢占有利资源并且脱颖而出就比较困难，此时，那些稍逊于世界一流大学的世界著名研究型大学既有良好的科研环境，又能给他们提供开展开创性学术研究的机会，自然能对他们产生一定的吸引力。

综上所述，在初职到现职阶段，是否能提供让高被引科学家发展或推广其科学研究的工作环境，是高被引科学家决定是否迁移的重要因素。

---

① 肖潇：《美国高校聘用多元化对我国高校聘用制的启示》，《科教导刊》2010 年第 13 期。

② 王英杰、刘宝存：《世界一流大学的形成与发展》，太原，山西教育出版社，2008 年，第 356~357 页。

③ 《2022 年软科世界一流学科排名》，https://www.shanghairanking.cn/rankings/arwu/2022，最后访问时间：2023 年 5 月 17 日。

第五节　高被引科学家向名校集聚现象对中国的启示

一、对高被引科学家向名校集聚现象的思考

机构迁移与集聚必然也是推力和拉力共同作用的结果。经济和社会因素是影响迁移最主要的因素[①]，那么经济和社会的因素是如何影响高被引科学家机构迁移与集聚的呢？

从上述高被引科学家机构迁移与集聚的实证分析结果来看，学士到博士阶段，高被引科学家主要向 2012 年 ARWU 1～100 名的大学集聚。虽然博士到初职阶段，高被引科学家从 2012 年 ARWU 1～100 名的大学向非大学的其他机构迁移与集聚，但是初职到现职阶段，高被引科学家重新向 2012 年 ARWU 1～100 名大学集聚。2012 年 ARWU 1～100 名大学是良好声望与优越环境兼具的机构。根据优势累积理论，在科学领域里，当某些个人或团体一再获得有利条件和奖励时，他们的优势就累积起来。无论按照什么标准来分配有利条件和奖励，不管根据天赋还是根据才能，这一过程促使了精英的成长而且最终产生了等级森严的分层制度。[②] 但优势累积理论也强调，这样一个优势累积过程伴随着精英人才职业发展的每个阶段。具体来说，在选择性的教育过程中，精英人才会向名牌大学集中；获得博士学位后他们选择最初的工作机构也是一个优势累积的过程。在良好声望与优越的工作环境兼具的机构获得初职对科学界精英的成长是有利的，名牌大学的毕业生更有利于在良好声望和较好工作环境兼具的机构获得初职；前期积累的优势也使得精英人才最终向著名机构集中。[③] 而实证分析结果显示，博士到初职阶段，高被引科学家没有向优势机构迁移与集聚；在初职到现职阶段机构迁移过程中，从具体大学层面看，高被引科学家在 2012 年 ARWU 21～100 名大学集聚的人数要多于在 2012 年 ARWU 1～20 名的大学集聚的人数，且在该阶段的校际迁移过程中，高被引科学家从 2012 年 ARWU 1～20 名大学向其他层次大学集聚。中国学者刘少雪

① Mazzaral, T. & Soutar, G. N., 2002: "'Push-Pull' Factors Influencing International Student Destination Choice", *International Journal of Educational Management* 16 (2): 82–90.
② 〔美〕哈里特·朱克曼：《科学界的精英——美国的诺贝尔奖金获得者》，周叶谦、冯世则译，北京，商务印书馆，1979 年，第 85～86 页。
③ 〔美〕哈里特·朱克曼：《科学界的精英——美国的诺贝尔奖金获得者》，周叶谦、冯世则译，北京，商务印书馆，1979 年，第 217 页。

对诺贝尔奖获得者职业发展轨迹的实证分析结果也显示，在进入职业成熟期之前，诺贝尔奖获得者选择后发型大学或比较优势不明显机构的可能性更大。[①] 可见，总体而言，高被引科学家机构迁移与集聚特征基本符合优势累积理论的观点，即向名校集聚是必然的趋势，且在向名校集聚的过程中他们也受到名校社会选择的影响。[②] 但在机构迁移过程中，仍旧有些现象是优势累积理论无法解释的。

本书认为，高被引科学家在机构迁移过程中，出现的与优势累积所述不同的趋势特征，可以从利益最大化的角度去寻找原因。人力资本理论认为，经济利益的差异促使劳动力在不同机构之间流动。在社会经济发展过程中，组织内部不同工作职位之间及组织间、部门间、产业间、地区间，甚至国家之间经济活动效益的非均衡性是客观存在的普遍现象，而这正是构成人力资本流动的主要内在动因。[③] 这种经济活动效益主要体现为两个方面：一方面是更高的工资这一类货币性收益；另一方面是迁入地提供的非货币性收益，例如，好的气候、娱乐机会及更好的社会和政治环境。[④] 因此，高被引科学家在初职到现职阶段向 2012 年 ARWU 21～100 名大学集聚，其原因可能就在于 2012 年 ARWU 21～100 名大学可以为高被引科学家的发展提供更多的机会和发展空间，这一点在问卷调查中也有体现。但用利益最大化来解释高被引科学家博士到初职阶段由 2012 年 ARWU 1～100 名大学向其他机构迁移仍旧有失偏颇，因为在高被引科学家职业发展的早期，优势机构对他们的识别和选择也会影响到其是否能进入优势机构。通过上述的分析可知，优势机构的选择标准和其他机构的收益吸引都可能是影响高被引科学家博士到初职阶段迁移的重要因素。

综上所述，2012 年 ARWU 1～100 名的大学能为科技精英人才的成长提供更好的有利条件，包括更多的科研资助、更好的专业研究领路人、更优秀的科研团队等。[⑤] 无论人力资本理论还是优势累积理论，都认可科技精英人才在机构迁移过程中向名校集聚的趋势，但在职业发展的不同阶

---

① 刘少雪：《大学与大师：谁成就了谁——以诺贝尔科学奖获得者的教育和工作经历为视角》，《高等教育研究》2012 年第 2 期。

② 刘少雪：《大学与大师：谁成就了谁——以诺贝尔科学奖获得者的教育和工作经历为视角》，《高等教育研究》2012 年第 2 期。

③ 李宝元：《人力资本论——基于中国实践问题的理论阐释》，北京，北京师范大学出版社，2009 年，第 194 页。

④ Sjaastad, L. A., 1962: "The Cost and Returns of Human Migration", *Journal of Political Economy* 70（5）：80–93.

⑤ 〔美〕哈里特·朱克曼：《科学界的精英——美国的诺贝尔奖金获得者》，周叶谦、冯世则译，北京，商务印书馆，1979 年，第 152 页。

段,仍有一些问题是人力资本理论或者优势累积理论不能单独解释的。因此,本书认为,对于科技精英人才的机构迁移,也应从利益最大化角度出发,综合运用人力资本理论与优势累积理论的观点,即经济收益与优势累积构成合力,共同构成科技精英人才的机构迁移过程中的推拉力因素。

二、高被引科学家名校集聚特征对中国一流大学建设的启示

从上述的分析中可知,要形成科技精英人才的集聚,仍旧需要依赖世界一流大学的建设。目前,中国已经开始注重并加强建设世界一流大学,从近几年的世界大学排名来看,中国的一些名牌大学进步迅速。然而从高被引科学家名校集聚的特征来看,中国在建设世界一流大学的过程中,特别是在科技精英人才引进方面,仍有一些问题值得注意。只有解决了这些问题,中国的大学才能更好更快地成为科技精英人才的集聚地。

首先,要扩展中国大学经费来源途径,保障大学建设的经费投入,包括科技精英人才的薪资投入。从高被引科学家名校集聚的分析可以看出,高被引科学家仍旧倾向于向世界一流大学集聚,薪资虽然不是迁移的主要原因,但依然是重要的影响因素。大学的财政实力是不能被忽视的问题,近年来,中国政府已不断增加对高等教育的投入。此外,中国大学还应提高吸引校外资金的主动性和完善相关制度。

其次,要为科技精英人才提供足够的职业发展空间。从优势累积理论来看,高被引科学家名校集聚是出于更好的职业发展需求,那么中国大学要吸引和留住科技精英人才,就要建设能给他们提供充足职业发展空间的世界一流大学。此外,要形成科技精英人才的集聚,中国大学还应该"更好的结合海外人才团队建设需求和特点,加大团队式引进力度,创新管理模式,改进组织发展环境,建立完善人才引进风险管理和绩效评价机制"[①]。

从上述分析可知,机构迁移在科技精英人才职业发展生涯中是比较普遍的现象。在本书中,无论学士到博士、博士到初职、初职到现职哪个阶段,都有超过 3/4 的高被引科学家发生了机构迁移。从上文的数据可以看出,高被引科学家学士到博士阶段大量向 2012 年 ARWU 1～100 名大学集聚,从而使得 2012 年 ARWU 1～100 名大学拥有的高被引科学家数量从 47.73% 迅速上升到 75.83%,增加了近 30 个百分点。博士到初职阶段,

---

① 吴江、张相林:《我国海外人才引进后的团队建设问题调查》,《中国行政管理》2015 年第 9 期。

高被引科学家从 2012 年 ARWU 前 500 名的大学向其他机构集聚，且从 2012 年 ARWU 1～100 名的大学向其他机构集聚的人数最多。初职到现职阶段，高被引科学家从其他机构重新向 2012 年 ARWU 1～100 名的大学集聚。

根据人力资本理论和优势累积理论的观点，无论为了预期收益还是为了累积优势，科技精英人才在其职业发展过程中，都会向着优势机构迁移与集聚，即使这一过程有反复，但最终还是会在优势机构集聚。从高被引科学家机构迁移与集聚的实证结果来看，学士到博士阶段，高被引科学家仅在 2012 年 ARWU 1～100 名的大学集聚，充分反映了这一组大学在培养研究生，特别是博士研究生方面的卓越地位。虽然博士到初职阶段，由于 2012 年 ARWU 1～100 名大学在选聘制度上的局限性，出现了高被引科学家从 2012 年 ARWU 1～100 名大学迁出的现象，但最后在初职到现职阶段高被引科学家还是重新在 2012 年 ARWU 1～100 名大学集聚。可见，高被引科学家在职业发展过程中，虽然几经反复，最终还是集聚在 2012 年 ARWU 1～100 名大学。这与从人力资本理论和优势累积理论对科技精英人才机构迁移向名校集聚的推论相似。由此可见，2012 年 ARWU 1～100 名的世界一流大学即为人力资本理论和优势累积理论所说的优势机构。

高被引科学家向名校集聚的特征也为中国吸引科技精英人才提供了方向，即加快世界一流大学建设步伐，成就更多的科技精英人才集聚地。而在建设世界一流大学的过程中，中国的大学，一方面要改善大学的财政状况，最重要的就是开源，扩展多元化的财政结构，保障学校的自主办学权和自主办学意识；另一方面要提供科技精英人才职业发展的平台和空间，除了与国际接轨的薪资水平、科研环境、管理机制、团队建设，还应该依据国际科技精英人才迁移与集聚的原因和特点，积极进行相关改革。

第六章　高被引科学家集聚模式分析

　　通过对高被引科学家职业迁移与集聚的特征与原因分析发现，高被引科学家向美国集聚的现象主要发生在其教育阶段和职业生涯的早期。随着职业的发展，高被引科学家向美国集聚的趋势明显减弱，最后还呈现出从美国向其他国家（地区）逆向集聚的现象。根据人力资本理论和优势累积理论对形成这一趋势推拉力因素的分析，高被引科学家从美国逆向集聚到其他国家（地区），与能在其他国家（地区）获得更多的优势条件有关。关于科技精英人才职业迁移原因的问卷调查结果显示，工作环境是非常重要的影响因素。高被引科学家从美国逆向集聚，对中国而言无疑是一个重要的机遇。中国若能创造适合科技精英人才发展的优势条件，就有可能在科技精英人才从美国逆向集聚的过程中成为受益国，这对于中国科技的发展及国际竞争力的提升都是有利的。为进一步了解吸引科技精英人才迁移与集聚的优势条件，本章拟通过具体案例，对优势条件的特征和形成机制进行深入分析，为中国科技精英人才的引进和培育提供有价值的启示。

　　初职到现职阶段，一些亚洲国家（地区）出现了高被引科学家集聚的现象，如以色列、韩国，以及中国香港、中国台湾。中国香港、中国台湾这两个地区吸引高被引科学家的经验，对中国内地（大陆）其他有着相同经济实力的地方的发展具有借鉴意义。此外，初职到现职阶段，沙特阿拉伯异军突起，成为其他国家组中少数形成高被引科学家集聚的国家，其经验也许对中国内地（大陆）有借鉴意义。通过对高被引科学家数据库的重新检索，截至 2013 年 12 月集聚于中国香港的高被引科学家有 22 人，集聚于中国台湾的高被引科学家有 19 人，集聚于沙特阿拉伯的高被引科学家有 29 人。虽然不同国家（地区）为吸引科技精英人才采取了不同举措，但这些不同的举措仍旧有可能存在某些共性特征，能为中国内地（大陆）吸引科技精英人才提供启示。

　　本章将对沙特阿拉伯、中国香港、中国台湾这一个国家和两个地区的高被引科学家的集聚现状进行分析，并在此基础上，探究对中国内地（大陆）可能有借鉴意义的科技精英人才集聚模式。

第一节　高被引科学家集聚于中国香港的现状与原因分析

一、高被引科学家集聚于中国香港的现状分析

2013年集聚于中国香港的高被引科学家有22人。从机构分布来看，这些高被引科学家分布在香港少数几所公立大学内。在22人中有约31.82%集聚于香港科技大学，共7人；有约22.73%集聚于香港中文大学，共5人；有约18.19%集聚于香港城市大学，共4人；有约13.64%集聚于香港大学，共3人；有约13.64%集聚于香港理工大学，共3人。从专业分布来看，在22人中计算机科学专业有6人、数学专业有6人、工程学专业有3人、化学专业有2人、经济与管理专业有1人、材料科学专业有1人、分子生物与遗传学专业有1人、药理学专业有1人、动植物科学专业有1人，详见表6-1。

表6-1　2013年集聚于中国香港的高被引科学家机构和专业分布情况

机构名称	人数/人	专业分布人数/人
香港科技大学	7	计算机科学：3、工程学：1、数学：1、经济与管理：1、动植物科学：1
香港中文大学	5	数学：2、计算机科学：2、化学：1
香港城市大学	4	工程学：2、材料科学：1、数学：1
香港大学	3	计算机科学：1、分子生物与遗传学：1、化学：1
香港理工大学	3	数学：2、药理学：1

从出生地来看，该时期集聚于中国香港的22名高被引科学家中，出生在中国内地（大陆）的有6人，出生于中国香港的有6人、中国台湾的有2人；出生在海外的有4人。

从受教育的机构来看，本书收集到其中20名高被引科学家获得学士学位的机构的信息及22名高被引科学家获得博士学位的机构的信息。在这20人中，在中国内地（大陆）获得学士学位的高被引科学家共2人，其中武汉大学1人、清华大学1人；在中国香港获得学士学位的共5人，其中香港大学3人、香港中文大学2人；在中国台湾获得学士学位的共3

人，他们都是在台湾大学获得学士学位；在美国获得学士学位的占35%，共7人，其中加州理工大学1人、明尼苏达大学1人、麻省理工学院1人、普渡大学1人、奥立佛学院1人、密歇根理工大学1人、罗格斯大学1人；在英国获得学士学位的占10%，共2人，其中曼彻斯特大学1人、利兹大学1人；在加拿大获得学士学位的占5%，共1人，具体大学为多伦多大学。从获得博士学位的机构来看，该时期集聚于中国香港的高被引科学家在美国获得博士学位的约占77.27%，共17人，其中斯坦福大学2人、普渡大学2人、麻省理工学院1人、纽约大学1人、明尼苏达大学1人、哥伦比亚大学1人、得克萨斯农工大学1人、布朗大学1人、弗吉尼亚大学1人、威斯康星大学－麦迪逊1人、华盛顿大学－西雅图1人、加州大学－伯克利1人、加州大学－洛杉矶1人、匹兹堡大学1人、夏威夷大学1人；在英国获得博士学位的约占9.09%，共2人，其中曼彻斯特大学1人、利兹大学1人；在加拿大、新加坡和中国香港获得博士学位的各约占4.55%，都是1人，具体机构分布为英属哥伦比亚大学1人、新加坡国立大学1人、香港大学1人。

从迁入中国香港的时间来看，该时期集聚于中国香港的高被引科学家大部分是1995年之后（包含1995年）迁入现职机构的。本书收集到其中20名高被引科学家最近一次迁入现职机构的时间，其中55%是1999年之后（不包含1999年）迁入现职机构的，共11人；25%是1995年至1999年迁入现职机构的，共5人；20%是1995年之前（不包含1995年）迁入现职机构的，共4人。

从迁入中国香港时的职称情况来看，该时期集聚于中国香港的高被引科学家大部分是在海外成长为完型人才后回到香港的。本书通过对这些高被引科学家迁入香港时的职称分析，发现除了2名高被引科学家在海外获得博士学位后随即回到香港，2名高被引科学家在海外完成短期博士后工作后回到香港，其余16名高被引科学家都是在海外成为正教授后才回到香港的。

综上所述，该时期集聚于中国香港的高被引科学家中约有80%是在海外成长为完型人才后被吸引入港，有80%是1995年之后回到中国香港。现集聚于中国香港的高被引科学家主要分布在少数受中国香港"大学教育资助委员会"资助的公立大学。可见，在中国香港集聚的高被引科学家以华人为主，他们大部分在海外，主要在美国接受了研究生层面的教育，并在海外成长为科技精英人才，于20世纪90年代中后期陆续集聚于中国香港，而吸引他们的机构是香港少数实力强劲的公立大学。

二、高被引科学家集聚于中国香港的原因分析

中国香港经济发展是吸引科技精英人才的关键因素。该时期集聚于中国香港的高被引科学家大部分是20世纪90年代中后期迁入香港的。这一时期正是香港经济快速发展、大学科研经费投入急速增长的时期。以香港科技大学为例，1991年至1992年，香港科技大学所获研究经费总额为4050万港币。自20世纪90年代中期开始，该校所获研究经费实现了跨越式的增长，1994年至1995年所获研究经费总额为1.49亿港币；1997年至1998年研究经费总额突破2亿港币，为2.28亿港币；2000年至2001年突破3亿港币，为3.11亿港币；2008年至2009年突破4亿港币，为4.47亿港币。[①]正如白杰瑞所说，香港科技大学在20世纪90年代中后期能招聘到有潜力教师的一个关键因素就是这一时期香港经济达到了前所未有的水平并持续繁荣。"尽管工资不是香港科技大学吸引首批顶尖学者最重要的因素，但香港经济增长速度使这批学者的工资接近海外学者的工资水平，从而使他们的迁移变得更容易。"[②]

从学校层面上看，第一，香港的大学发展战略是形成高被引科学家集聚现象的重要推动力。该时期集聚于香港的高被引科学家中的80%是从海外回来的完型人才，其中43.75%是由香港科技大学延揽的，25%是由香港城市大学延揽的。从时间上看，香港科技大学1993年从全球延揽了2名高被引科学家，1995年延揽了2名，2002年2名，2009年1名；香港城市大学从全球延揽的4名高被引科学家皆是2000年之后进入该校的。香港科技大学创校于1991年，第一任校长是吴家玮教授，吴家玮在创校之初就提出"以一流人才吸引一流人才"的发展战略，在全球招聘精英。当时人们甚至戏说，"在学术界有了成就的华人，都让科大找上了门，凡是没有被吴家玮找上过门的，都得自问是否在学术上有欠缺。"[③]故香港科技大学从建校之初聘到的创校教授就是各个学术领域资深望重的国际一流学者，而这些学者也为吸引更多的一流人才创造了良好的人才生态环境。[④]

---

① https://hkust.edu.hk/zh-hans/about/facts-figures?cn=1，最后访问日期：2023年4月20日。

② 〔美〕菲利普·阿特巴赫、贾米尔·萨尔米主编：《世界一流大学：发展中国家和转型国家的大学案例研究》，王庆辉、王琪、周小颖译校，上海，上海交通大学出版社，2011年，第50~51页。

③ 计琳、徐晶晶：《教育无界行无疆——香港大学和香港科技大学教育国家化探访》，《上海教育》2010年第13期。

④ 汪润珊、傅文第、孙悦：《香港科技大学高水平师资队伍建设的特点与启示》，《教育探索》2011年第3期。

这也使得香港科技大学在 20 世纪 90 年代初期就成为科技精英人才的集聚地。香港城市大学的前身为香港城市理工学院。学校于 1994 年改名为香港城市大学。香港城市大学制定了 1997 年至 2002 年曙光策略，提出"使研究工作成为大学生活的一部分"的发展目标，同时决定通过"增加有研究成绩的学者人数，建立鼓励教学人员按照他们的才能和兴趣发展学术事业的奖励制度"来达成这一目标。① 随后香港城市大学在人事管理制度上进行了改革，在福利待遇上向学术人员倾斜。针对学术人员的薪级制度规定，学术人员的月工资起薪 32748 港元，而聘用的讲座教授平均月薪达到了 123331 港元。如果加上住房补贴、保险等福利报酬，香港城市大学聘请一名教授的平均月成本达到了 20 万港元，真正做到了"以待遇留人"。②

第二，香港的大学提供有助于教师职业发展的工作环境也是留住高被引科学家的重要保障。该时期集聚于中国香港的高被引科学家在香港或多或少都获得过各项校内外的科研资助，包括香港理工大学校长奖、香港裘槎基金会优秀科研者奖、晨兴数学奖等。除了提供科研资助，香港的大学还通过各种途径为科技精英人才的职业发展提供保障。香港大学前校长徐立之曾说，对一名学者而言，选择学校最重要的是要看这个学校是否能对自己的学术发展有长期的支持。而香港大学能从全球招聘在学术领域有一定地位的老师，最重要的原因就是香港大学有良好的机制可以保证学者们从事科研活动。就职于香港大学的高被引科学家支志明教授在美国完成博士后研究即刻回到香港大学任教，是香港大学培养出来的一名高被引科学家。他在接受采访时就曾提到，他在香港大学这么多年来可以一直"做自己喜欢的事情，还有人给发薪水。"薪水虽说不上多，但也不算少，足以让其专心科研而不用"为稻粱谋"。而且，没有人在他身后紧追着逼问，"你今年出成果没有？"有没有成果，他的薪水都照拿不误。③ 香港科技大学前校长朱经武总结道："充裕、有弹性的经费，一套公平的开放的寻找优秀教师及其升迁的奖励制度，充分的学术自由和政府的不干预态度——这三个重要的条件使香港科技大学得以迅速发展成为世界一流大学。"④

可见，中国香港虽然没有制定专门针对高被引科学家的人才引进政

---

① 邝子器：《香港城市大学迈向卓越新纪元》，《世界科技研究与发展》1997 年第 5 期。
② 杜珂：《香港高校人事管理特色及启示——以香港城市大学为例》，《世界教育信息》2011 年第 7 期。
③ 《支志明——精心科研随性人生》，中国科学院官网，最后访问日期：2023 年 3 月 20 日。
④ 汪润珊、傅文第、孙悦：《香港科技大学高水平师资队伍建设的特点与启示》，《教育探索》2011 年第 3 期。

策，但基于香港经济的发展，香港一些获得较多科研资助的大学充分发挥自主权，为科技精英人才的职业发展提供了独特的、有利的工作环境[1]，包括管理体制和学术环境，从而培养和吸引了众多包括高被引科学家在内的科技精英人才。

第二节　高被引科学家集聚于中国台湾的现状与原因分析

一、高被引科学家集聚于中国台湾的现状分析

该时期集聚于中国台湾的高被引科学家有 17 人。从机构分布来看，这些高被引科学家大部分集聚在台湾几所重点大学，以及台湾"中央研究院"。在 17 人中，有约 64.71% 集聚于台湾的 7 所公立大学，共 11 人，具体机构分布如下：台湾大学 4 人、台湾成功大学 2 人、台湾科技大学 1 人、台湾中山大学 1 人、台湾交通大学 1 人、台湾中兴大学 1 人、台湾"中央大学" 1 人；有约 5.88% 集聚于台湾长庚大学，共 1 人；有约 29.41% 集聚于台湾"中央研究院"，共 5 人。从专业分布来看：计算机科学有 3 人、化学有 2 人、地球科学有 2 人、材料科学有 2 人、农业科学有 1 人、生物学与生物化学有 1 人、临床医学有 1 人、生态与环境有 1 人、微生物学有 1 人、物理学有 1 人、动植物科学有 1 人、社会科学有 1 人，详情见表 6-2。

表 6-2　2013 年集聚于中国台湾的高被引科学家机构和专业分布情况

机构名称	人数/人	专业分布人数/人
台湾"中央研究院"	5	化学：2、动植物科学：1、计算机科学：1、生物学与生物化学：1
台湾大学	4	农业科学：1、材料科学：1、地球科学：1、临床医学：1
台湾成功大学	2	生态与环境：1、微生物学：1
台湾长庚大学	1	社会科学：1
台湾交通大学	1	计算机科学：1
台湾科技大学	1	材料科学：1
台湾中山大学	1	物理学：1
台湾中兴大学	1	计算机科学：1
台湾"中央大学"	1	地球科学：1

---

[1] 〔美〕菲利普·阿特巴赫、贾米尔·萨尔米主编：《世界一流大学：发展中国家和转型国家的大学案例研究》，王庆辉、王琪、周小颖译校，上海，上海交通大学出版社，2011 年，第 63 页。

从出生地来看，在该时期集聚于中国台湾的高被引科学家中，有约88.24% 出生于中国台湾，共 15 人。从受教育的机构来看，在该时期集聚于中国台湾的高被引科学家中，有约 88.24% 在中国台湾获得学士学位，共 15 人，其中台湾大学 9 人、台湾成功大学 4 人、台湾清华大学 1 人、台湾中原大学 1 人；有约 5.88% 在美国获得学士学位，共 1 人，具体机构为加州大学 – 河滨；有约 5.88% 在德国获得学士学位，共 1 人，具体机构为基尔大学。本书还收集到其中 16 人获得博士学位机构的信息。从这些信息可知，有约 93.75% 的高被引科学家在美国获得其博士学位，共 15 人，其中加州大学 – 伯克利 2 人、布朗大学 1 人、哈佛大学 1 人、华盛顿大学 – 圣路易斯 1 人、华盛顿大学 – 西雅图 1 人、肯特州立大学 1 人、麻省理工学院 1 人、密歇根大学 – 安娜堡 1 人、密歇根州立大学 1 人、纽约大学 1 人、匹兹堡大学 1 人、普渡大学 1 人、耶鲁大学 1 人、伊利诺伊大学厄巴纳 – 香槟 1 人；约 6.25% 在德国获得其博士学位，共 1 人，具体机构为慕尼黑大学。

从迁入中国台湾的时间来看，该时期集聚于中国台湾的高被引科学家主要是在 20 世纪 90 年代后陆续迁入的。其中 1995 年之后（包含 1995 年）迁入台湾的约占 88.24%，共 15 人。2000 年之后（包含 2000 年）迁入台湾的约占 58.82%，共 10 人。2000 年之后（包含 2000 年）迁入现职机构的约占 64.71%，共 11 人。

从迁入中国台湾时的职称情况来看，该时期集聚于中国台湾的高被引科学家大部分是在海外取得一定的学术成就后回到台湾的。从这 17 名高被引科学家的简历信息可知，2 名高被引科学家在美国获得博士学位后即刻回到台湾工作，1 名高被引科学家在美国做完博士后研究工作后回到台湾工作。其余 14 名高被引科学家都是成长为正教授后通过各种途径被延揽回台湾的，其中 6 人被聘为 "杰出讲座教授"，5 人当选台湾 "中央研究院" 院士。

综上所述，该时期集聚于中国台湾的高被引科学家主要是在台湾获得学士学位后在美国的研究型大学获得博士学位，并成长为一名完型人才后被延揽回台湾。可以说，该时期集聚于中国台湾的高被引科学家大部分属于回流人才。

二、高被引科学家集聚于中国台湾的原因分析

第一，经济发展仍旧是中国台湾吸引高被引科学家的基本保障。该时期集聚于中国台湾的高被引科学家，除就职于台湾科技大学的黄世钦教授

是在 1987 年获得博士学位后即刻回到台湾的，其余的高被引科学家都是在 20 世纪末至 21 世纪初回到台湾的。中国台湾经济自 20 世纪 60 年代开始迅速发展，与韩国、中国香港、新加坡并列为"亚洲四小龙"，至 1987 年中国台湾 GDP 已达一千亿美元，人均 GDP 为五千美元。[①]20 世纪 90 年代以后，台湾经济实现了由资源密集型向技术密集型、知识密集型转型，经济发展也进入了成熟稳定期。[②]而台湾高等教育所获经费也在 20 世纪末迅速增长，1989 年至 1990 年，台湾高等教育经费支出总额为 9 亿新台币，1990 年至 1991 年，教育经费支出总额为 15 亿新台币，随后保持每年 10% 的增长额。[③]

第二，台湾对大学和科研机构延揽人才的政策支持和经费资助是高被引科学家向台湾集聚的主要动力。部分高被引科学家迁入后受到台湾地区相关主管部门的科研资助。延揽科学人才的补助标准是：讲座教授每月 14 万到 25 万新台币的教学研究费、客座教授（客座研究员）每月 7 万到 19 万新台币的教学研究费、客座副教授（副研究员）每月 7 万到 14 万新台币的教学研究费、客座助理教授（客座助理研究员）每月 6 万到 10 万的教学研究费，客座专家每月 6 万到 9 万新台币的教学研究费。除此之外，台湾相关机构还提供机票费、保险费、薪金差额补助金、劳工退休金或离职储金、研究发展费。

第三，台湾建设世界一流大学的卓越发展计划进一步促进了高被引科学家向台湾集聚。上文的分析提到，该时期约 64.71% 的集聚于台湾的高被引科学家是在 2000 年后（包含 2000 年）迁入现职机构的，而在这些高被引科学家中，又有约 81.82% 是在 2004 年后（包含 2004 年）迁入现职机构的。从具体机构来看，该时期集聚于台湾大学的高被引科学家中有 75% 是在 2004 年后迁入的，共 3 人，其中 2 人于 2007 年迁入，1 人于 2010 年迁入；集聚于台湾成功大学的高被引科学家全部是在 2004 年后迁入的，共 2 人，其中 1 人于 2006 年迁入，1 人于 2007 年迁入。自 2004 年起，台湾地区教育主管部门提出了"发展国际一流大学及顶尖研究中心计划"，2011 年起修正为"迈向顶尖大学计划"。该计划设置了专项经费用于补助台湾各高校聘请海外科技精英人才，其中台湾大学和台湾成功大学所获经费较多。计划实施 5 年后，这两所学校在延揽科技精英人才方面成绩突出。除了本书所指的高被引科学家，台湾大学在 2006 年至 2008 年

---

① 李非：《战后台湾经济发展原因刍议》，《台湾研究集刊》1988 年第 1 期。

② 杨志强：《战后台湾经济转型发展轨迹》，《前沿》2013 年第 1 期。

③ 郑金贵编：《台湾高等教育》，厦门，厦门大学出版社，2008 年，第 21 页。

共聘任 35 名特聘研究讲座及特聘讲座教授，含诺贝尔奖得主、美国科学院院士及台湾"中央研究院"院士。[①]

第四，台湾明确的人才目标定位是实现高被引科学家集聚的加速器。中国台湾延揽海外科技人才的历史由来已久，从 20 世纪 60 年代开始，为了改善台湾科技人才队伍质量及增加其数量，台湾地区行政当局指令台湾地区教育主管部门、科技主管部门、青年辅导主管部门等机构密切配合，通过建立科技人才资料档案、利用校友会和同乡会等各种方式，来吸引更多的学人返台服务。[②]集聚于中国台湾的高被引科学家的特征在一定程度上也验证了台湾地区行政当局这一目标定位的有效性。

从社会层面上看，台湾的社会力量对大学延揽人才的资助也促进了高被引科学家向台湾的集聚。在上文的分析中提到，部分高被引科学家回到台湾后获得了基金会的科研奖励或资助。就职于台湾大学的许世明教授在 1988 年回到台湾后就曾连续 5 年获得了杰出人才发展基金会的科研奖励，这为其在台湾开展科学研究提供了重要保障。杰出人才发展基金会是独立于台湾地区行政当局的科研资助机构。杰出人才发展基金会的支持不仅能满足科技精英人才继续开展研究的需求，更重要的是能帮助其解决家庭和生活问题。

综上所述，中国台湾之所以能吸引高被引科学家，一方面是由于台湾地区行政当局和台湾社会力量积极参与，为延揽人才提供了各项资助；另一方面与台湾地区行政当局制定了较明确的科技人才的引进目标有关。在这样的环境下，一些主要的公立大学才能借助台湾地区行政当局和社会力量获得大量的经费，更容易地实现科技精英人才在本校的集聚。

---

① 朱天宇:《对台湾"迈向顶尖大学计划"的研究》,《教育教学论坛》2012 年第 28 期。
② 韦体文:《略评台湾科技人才的延揽》,《科学管理研究》1989 年第 1 期。

第三节 高被引科学家集聚于沙特阿拉伯的
现状与原因分析

一、高被引科学家集聚于沙特阿拉伯的现状分析

从本书所选的高被引科学家样本来看，学士、博士、初职阶段，沙特阿拉伯都没有高被引科学家，但经过高被引科学家初职到现职阶段的国家（地区）迁移，沙特阿拉伯成为继澳大利亚之后吸引高被引科学家人数最多的国家。截至 2013 年 12 月，现职机构在沙特阿拉伯的高被引科学家有 29 人，其中约 48.28% 受聘于沙特国王大学，共 14 人；约 20.69% 受聘于法赫德国王石油矿产大学，共 6 人；约 17.24% 受聘于阿卜杜拉国王科技大学，共 5 人；约 13.79% 受聘于阿卜杜勒阿齐兹国王大学，共 4 人。从专业领域的分布来看，数学 5 人、农业科学 3 人、化学 3 人、物理学 3 人、计算机科学 2 人、生态与环境 2 人、材料科学 2 人、动植物科学 2 人、生物学与生物化学 1 人、临床医学 1 人、经济与管理 1 人、工程学 1 人、地球科学 1 人、免疫学 1 人、药理学 1 人（见表 6-3）。可见，该时期集聚于沙特阿拉伯的高被引科学家主要集聚在沙特阿拉伯少数几所公立大学中。

表 6-3　2013 年集聚于沙特阿拉伯的高被引科学家大学和专业分布情况

大学名称	人数/人	专业分布人数/人
沙特国王大学	14	农业科学：3、数学：3、计算机科学：1、免疫学：1、临床医学：1、生物学与生物化学：1、化学：1、地球科学：1、经济与管理：1、生态与环境：1
法赫德国王石油矿产大学	6	材料科学：2、物理学：2、数学：1、生态与环境：1
阿卜杜拉国王科技大学	5	工程学：1、化学：1、药理学：1、计算机科学：1、动植物科学：1
阿卜杜勒阿齐兹国王大学	4	动植物科学：1、物理学：1、数学：1、化学：1

从迁入沙特阿拉伯的时间来看，该时期集聚于沙特阿拉伯的高被引科学家皆是 2008 年之后（包含 2008 年）迁入的。其中，有约 34.48% 是 2008 年至 2010 年（包含 2010 年）迁入的，共 10 人；有约 65.52% 是 2011 年及以后迁入的，共 19 人。

从迁入沙特阿拉伯时的年龄来看，该时期集聚于沙特阿拉伯的高被引

科学家大部分在迁入沙特阿拉伯时临近或已到退休年龄。本书共收集到其中 24 名高被引科学家的出生年份，以及其迁入沙特阿拉伯的时间。通过计算发现，在 60 岁至 75 岁（包含 60 岁和 75 岁）时迁入沙特阿拉伯的约占 66.67%，共 16 人；在 60 岁之前迁入沙特阿拉伯的约占 29.17%，共 7 人；75 岁之后迁入沙特阿拉伯的约占 4.17%，共 1 人。

从迁入之前的所在国家（地区）来看，该时期集聚于沙特阿拉伯的高被引科学家中的约 41.38% 是从美国迁入的，共 12 人；约 20.69% 是从其他国家（地区）迁入的，共 6 人。可见，沙特阿拉伯是高被引科学家从美国逆向集聚过程中的受益国。

综上所述，关于该时期集聚于沙特阿拉伯的高被引科学家，从年龄看，他们大部分接近退休或者已经退休；从集聚的机构特征看，他们主要集中在少数几所公立的沙特阿拉伯大学中；从专业特征看，集聚于沙特阿拉伯的高被引科学家分布在高被引科学家数据库收录的 21 个专业中的 15 个专业，可见集聚于沙特阿拉伯的高被引科学家专业分布广泛。

二、高被引科学家集聚于沙特阿拉伯的原因分析

在沙特阿拉伯高等教育部的直接管辖下，到 2010 年，沙特阿拉伯的高等教育系统包括了 24 所公立大学、18 所男子师范学院、80 所女子师范学院、37 所医学院及研究院、12 所技术学院及 26 所私立大学。[①] 但从上述高被引科学家在沙特阿拉伯的机构分布来看，仅沙特国王大学、阿卜杜勒阿齐兹国王大学、法赫德国王石油矿产大学、阿卜杜拉国王科技大学等为数不多的几所沙特阿拉伯公立大学出现了高被引科学家的集聚现象。而这几所大学正是获沙特阿拉伯政府大力支持，并致力于建设成为世界一流大学的机构。从高被引科学家向沙特阿拉伯集聚的时间来看，他们皆是在成为高被引科学家之后迁入的。

从国家层面看，沙特阿拉伯政府发展高等教育、建设世界一流大学的政策举措是沙特阿拉伯吸引高被引科学家的主要推动力。在 2022 年，沙特阿拉伯政府在教育方面的经费投入约占国家财政总预算的 1/4，沙特阿拉伯高等教育部还特别资助了法赫德国王石油矿产大学达兰技术园区的建设、阿卜杜勒阿齐兹国王大学卓越科学园区项目，旨在实现三大目标：扶持大学建立一支具有卓越创新能力的师资队伍；加大资金投入，

---

① 王琪、程莹、刘念才主编:《世界一流大学：共同的目标》，上海，上海交通大学出版社，2013 年，第 104 页。

支持大学建立科学研究中心；助力大学将科研成果服务于社会。[1]

从学校层面看，根据沙特阿拉伯高等教育部的指示，上述几所公立大学都制定了专门针对高被引科学家的人才招聘计划。例如，法赫德国王石油矿产大学设计了三类针对不同职位的招聘方案，分别招聘合聘教授（joint professors）、讲座教授（chair professors）和研究讲座教授（research chair professors）。而研究讲座讲授的招聘对象就是专门从高被引科学家数据库的名单中选择。[2] 沙特国王大学设立了专项的"杰出科学家资助计划"（Distinguished Scientist Fellowship Program），其目的也是为了增加沙特国王大学的高被引科学家数量。[3] 自 2009 年以来，这些举措的实施的确增加了沙特阿拉伯这几所公立大学的高被引科学家数量。但学术界对沙特阿拉伯直接针对高被引科学家的招聘举措褒贬不一，并对此展开了广泛的争论。2011 年巴塔查尔吉在《科学》（Science）杂志上发表了题为《沙特阿拉伯大学以重金换排名》（"Saudi Universities Offer Cash in Exchange for Academic Prestige"）的文章。[4] 巴塔查尔吉在文章中指出，沙特国王大学和阿卜杜勒阿齐兹国王大学通过花巨资等各种方式聘请高被引科学家数据库中的科学家，对某些科学家，这两所大学甚至不要求其来沙特阿拉伯工作，只要求他们在高被引科学家数据库的机构信息中挂上这两所大学的名字。他继而在文章中指出，沙特阿拉伯这两所大学涉嫌通过弄虚作假的方式来增加本校的高被引科学家数量，进而提高其在世界大学排名中的地位。随后，2012 年《科学》杂志刊登了沙特国王大学和阿卜杜勒阿齐兹国王大学的管理者，以及部分受聘于这两所学校的高被引科学家对巴塔查尔吉文章的回应。沙特国王大学的一位副校长否认了巴塔查尔吉的观点，这位副校长指出，所谓"杰出科学家资助计划"是每一所顶尖大学都会采取的人才招聘举措。沙特阿拉伯政府已经向沙特国王大学投资了 21 亿美元用于建设各种研究中心、实验室等。这些科研中心所提供的先进的科研设备和环境，能为杰出科学家创造卓越的科研成果提供机会，这才是高被引科学家集聚于沙特国王大学的主要原因。[5] 阿卜杜勒阿齐兹国王大学一

[1] https://moe.gov.sa/(X(1)S(nydys4cjuij0o2ruvrjit3yb))/en/pages/default.aspx，最后访问日期：2023 年 3 月 24 日。
[2] 王琪、程莹、刘念才主编：《世界一流大学：共同的目标》，上海，上海交通大学出版社，2013 年，第 107 页。
[3] https://dsfp.ksu.edu.sa/en，最后访问日期：2023 年 3 月 24 日。
[4] Bhattacharjee, Y., 2011: "Saudi Universities Offer Cash in Exchange for Academic Prestige", *Science* 334（6061）: 1344–1345.
[5] Al-khedhairy, A. A., 2012: "Saudi University Policy: King Saud Response", *Science* 335（6072）: 1040.

位副校长也指出巴塔查尔吉的观点是对阿卜杜勒阿齐兹国王大学错误的认知，阿卜杜勒阿齐兹国王大学通过接受杰出学者访问的方式聘用了众多的高被引科学家，按照协议要求，这些高被引科学家必须在阿卜杜勒阿齐兹国王大学开展科学研究，故不存在巴塔查尔吉所指的造假。[1]一名参与"杰出科学家资助计划"的高被引科学家还对该计划给予了较高的肯定，认为沙特国王大学通过这一计划在全世界范围内招聘杰出人才，不仅提高了沙特阿拉伯的科研水平，也为全世界杰出科学家提供了在科学研究领域追求卓越的机会。[2]但是也有一位曾获阿卜杜勒阿齐兹国王大学聘用邀请的高被引科学家支持巴塔查尔吉的观点，认为从阿卜杜勒阿齐兹国王大学为其提供的工作协议内容来看，确实存在巴塔查尔吉所说的造假现象，故他也认为沙特阿拉伯重金聘用高被引科学家的举措是不可取的。[3]

然而，无论这场争论的结果如何，随着高被引科学家在沙特阿拉伯少数大学的集聚，这几所大学的确在全球大学排名中崭露头角，逐步进入全球各类大学排名的榜单，包括 QS 世界大学排名、软科世界大学学术排名等。而且，虽然巴塔查尔吉和部分高被引科学家认为沙特阿拉伯存在重金购买高被引科学家挂名权的嫌疑，但不可否认的是，通过政府和学校一系列的举措，沙特阿拉伯这几所大学的科研环境得到了明显的改善。例如，法赫德国王石油矿产大学分别在纳米技术、腐蚀、可再生能源、伊斯兰教财政、冶炼和石化领域建立了五个卓越的研究中心，同时在校园内建立了达兰技术园区，成功吸引了世界顶尖的企业在此建立研发中心。[4]其大学的科研水平也得到了显著的提升，以专利发展情况为例，自 2009 年以来，法赫德国王石油矿产大学的专利获得了突飞猛进的发展，2009 ~ 2012 年的知识产权数量超过了过去 20 年数量之和。[5]

综上所述，沙特阿拉伯吸引高被引科学家的经验表明，强有力的政府支持和资金投入能在短期内实现高被引科学家的快速集聚。

---

[1] Zahed, A., 2012: "Saudi University Policy: King Abdulaziz Response", *Science* 335（6072）: 1040–1041.

[2] Becker, U., 2012: "Saudi University Policy: Meaningful Cooperation", *Science* 335（6072）: 1041.

[3] Miley, G. H., 2012: "Saudi University Policy: Overvalued Rankings", *Science* 335（6072）: 1041–1042.

[4] 王琪、程莹、刘念才主编：《世界一流大学：共同的目标》，上海，上海交通大学出版社，2013年，第108页。

[5] 王琪、程莹、刘念才主编：《世界一流大学：共同的目标》，上海，上海交通大学出版社，2013年，第110页。

第四节　科技精英人才集聚于个案国家（地区）的 特征与经验

虽然中国香港、中国台湾、沙特阿拉伯在吸引高被引科学家方面各有特点，但通过对高被引科学家集聚特征与原因的分析发现，它们在吸引科技精英人才方面仍有一些共同的经验值得借鉴。

一、经济投入是科技精英人才集聚的前提条件

中国香港和中国台湾都是亚洲经济比较发达的地区。从上文的案例分析中可知，中国香港和中国台湾教育经费投入的增长与科技精英人才的集聚在时间上是相吻合的。中国香港和中国台湾在"二战"后经济迅速发展，这两个地区高等教育的经费投入也随着经济的发展实现了跨越式的增长。20 世纪 90 年代初期，中国香港高等教育经费投入突破了 1 亿港元，中国台湾在同期高等教育经费投入突破了 15 亿新台币。而高被引科学家也是从这一时期开始陆续地向这两个地区集聚。关于沙特阿拉伯，从上述的分析可以看出，沙特阿拉伯加大了对大学的经费投入，改善了部分公立大学的科研软硬件环境，针对高被引科学家制定了专门的引进政策，吸引高被引科学家集聚于此。由此，沙特阿拉伯这几所受政策支撑的公立大学在全球大学排名中崭露头角。

可见，经济投入是科技精英人才集聚的基础。只有教育经费和科研经费增长，科技精英人才才有可能获得具有国际可比性的科研资助和薪资收入。[①] 这也使得科技精英人才的迁移与集聚变得更容易。

二、少数重点大学是科技精英人才的集聚平台

中国香港、中国台湾及沙特阿拉伯都是通过自身为数不多的几所重点大学来吸引科技精英人才的。从上文案例分析中可以看出，集聚于中国香港的高被引科学家主要分布在 5 所受中国香港"大学教育资助委员会"资助的公立大学。集聚于中国台湾的高被引科学家主要分布在受中国台湾"迈向顶尖大学计划"资助的大学。集聚于沙特阿拉伯的高被引科学主要分布在 4 所沙特阿拉伯的公立大学中，而这 4 所大学也是受沙特阿拉伯

---

① 〔美〕菲利普·阿特巴赫、贾米尔·萨尔米主编：《世界一流大学：发展中国家和转型国家的大学案例研究》，王庆辉、王琪、周小颖译校，上海，上海交通大学出版社，2011 年，第 50～51 页。

重点资助并致力于建设成为世界一流大学的机构。这些受到特别资助的大学，所获得的政府经费投入要明显高于其他大学。以中国台湾为例，根据台湾地区教育主管部门的数据，2006 年至 2010 年台湾大学收到了 5 亿美元拨款，占这一时期台湾地区行政当局高等教育总拨款的 30%，台湾成功大学所获拨款占总拨款的 17%，台湾交通大学占 8.6%，台湾"中央大学"占 6.6%，台湾中山大学占 6%，台湾中兴大学占 4.3%，台湾科技大学占 2.4%，再加上台湾长庚大学，以上这几所大学所获拨款几乎占到了同期高等教育全部拨款的 80%。[①]

中国香港、中国台湾和沙特阿拉伯都是通过少数重点大学来吸引科技精英人才的。可见，通过加大教育经费的投入，有可能提升该地区或国家对科技精英人才的吸引力。

三、确定合适的人才引进目标能加速科技精英人才的集聚

中国香港、中国台湾及沙特阿拉伯引进的大部分科技精英人才是对它们有更多文化认同感的人才。中国学者的调查结果也显示，文化差异越大，认同感越低，越难融入集聚地。[②] 显然，有更多文化认同感有利于科技精英人才更好地适应环境、融入环境，也更有利于发挥其才能，创造更大的价值。对于国家（地区）而言，这样也有利于留住科技精英人才，保持其科技人才队伍的稳定性。

另外，沙特阿拉伯的经验表明，那些即将退休或者已经退休，但仍旧有旺盛精力投入科研的科技精英人才也是比较合适的引进目标。在上述的分析中，集聚于沙特阿拉伯的高被引科学家中的大部分人的年龄集中在 65 岁至 75 岁之间，特别是从七国集团引进高被引科学家中的 75% 都是处于这个年龄段。中国学者的研究也显示，"大部分离退休后继续不间断从事创新创业并取得成功的老专家在 60 岁至 75 岁之间均保持了相当程度的创新活力，其中 80 岁以后仍在从事学术创新的老专家也不乏其人。"[③] 可见，这些即将退休或已经退休的科技精英人才依旧是不可忽视的宝贵人才资源。

为进一步了解吸引科技精英人才集聚的优势条件，本章对高被引科学家集聚于中国香港、中国台湾及沙特阿拉伯的现状及原因进行了个案分

---

① 王琪、程莹、刘念才主编：《世界一流大学：共同的目标》，上海，上海交通大学出版社，2013 年，第 44 页。

② 朱力：《中外移民社会适应的差异性与共同性》，《南京社会科学》2010 年第 10 期。

③ 赵永乐、郭祥林、吴达高：《老龄人才创造力亟待释放》，《中国人才》2013 年第 19 期。

析。通过对高被引科学集聚于中国香港、中国台湾及沙特阿拉伯的特征与原因进行分析，本书发现不同的国家（地区）吸引人才有着不同的模式，例如中国香港是学校主导型的科技精英人才集聚模式，中国台湾是台湾地区行政当局和社会联动型的科技精英人才集聚模式，沙特阿拉伯是国家主导型的科技精英人才集聚模式。

虽然它们在吸引科技精英人才的模式上存在差异，但具体的措施仍旧有一些共性的特征。概括而言，这些共同的特征主要体现在三个方面：经济投入是科技精英人才集聚的前提条件；少数重点大学是科技精英人才的集聚平台；确定合适的人才引进目标能加速科技精英人才的集聚。

第七章　高被引科学家集聚于中国的现状与原因分析

2017 年 11 月，软科根据科睿唯安发布的 2017 年高被引科学家名单，整理出一份 2017 年中国高校高被引科学家完整名单，这里的"中国"仅指中国内地（大陆）。2017 年中国共 147 人（161 人次）入选高被引科学家数据库。

本章旨在通过对高被引科学家集聚于中国的特征及原因进行分析，深入探析科技精英人才集聚于中国的现状与问题，并结合全球高被引科学家的迁移与集聚特征，为中国科技精英人才的引进提出建议。

第一节　高被引科学家集聚于中国的现状分析

一、集聚于中国的高被引科学家人口学特征

从可获得的高被引科学家的简历信息来看，约 95.07% 的高被引科学家是男性（见图 7–1），这与全球高被引科学家性别分布情况大致相同。从出生时间来看，高被引科学家中有一半以上出生在 20 世纪 60 年代，与全球高被引科学家出生时间相比，集聚于中国的高被引科学家更加年轻（见图 7–2），其中更是有一位高被引科学家在成为高被引科学家之时还是一名在读博士生。这可能与中国高校不断出台政策鼓励研究生参与科研有很大关系。

从国籍分布来看，目前集聚在中国的高被引科学家以中国国籍的居多，仅不到 6% 的是外籍人士（见图 7–3）。从出生地来看，已收集到的有出生地信息的高被引科学家有 139 人，且这 139 人皆出生在中国。由此可见，目前集聚在中国的高被引科学家出生在中国的居多，从地区分布来看，他们中有近 50% 出生于中国的华东地区（见图 7–4），其中出生于安徽、浙江的高被引科学家居多（见图 7–5）。

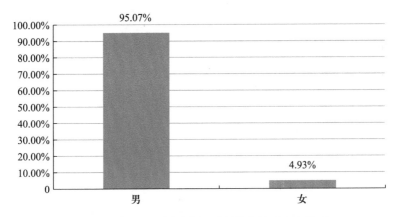

图 7-1　集聚于中国的高被引科学家性别分布情况

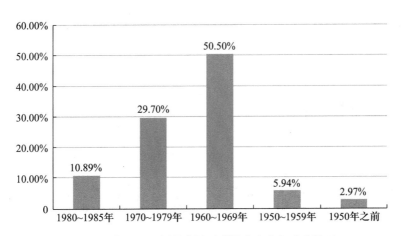

图 7-2　集聚于中国的高被引科学家出生年分布情况

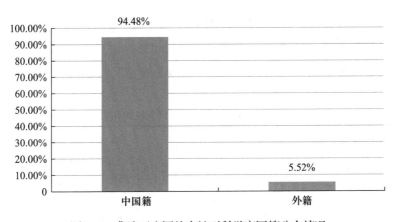

图 7-3　集聚于中国的高被引科学家国籍分布情况

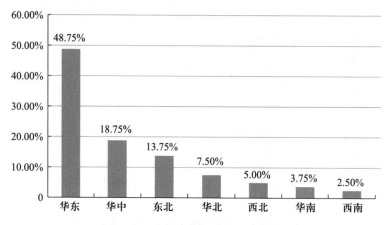

图 7-4　集聚于中国的高被引科学家中国出生地区分布情况

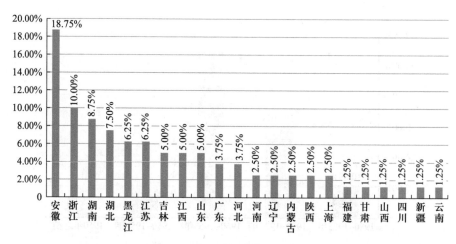

图 7-5　集聚于中国的高被引科学家中国出生地分布情况

二、高被引科学家主要集聚在中国"双一流"建设高校

软科发布的"2017 年中国高校'高被引科学家'完整名单"包含高被引科学家在 2017 年所在机构信息和专业分布情况，如表 7-1 所示。

表 7-1　2017 年集聚于中国的高被引科学家机构和专业分布情况表

机构名称	人数/人	专业分布人次
清华大学	15	化学：5、计算机科学：1、机械工程：2、免疫学：1、材料科学：4、物理：2
北京大学	13	农业科学：1、化学：7、机械工程：2、地球科学：2、物理：1

续表

机构名称	人数/人	专业分布人次
浙江大学	13	农业科学：2、化学：2、化学、材料科学：1、计算机科学：3、机械工程：4、环境科学/生态学：1
电子科技大学	11	化学：1、计算机科学：3、机械工程：1、数学：4、神经科学与行为学：1、物理：1
哈尔滨工业大学	5	机械工程：5
中国科学院大学	5	计算机科学：2、机械工程：2、微生物学：1
中山大学	5	农业科学：1、化学：2、材料科学：1、数学：1
复旦大学	4	化学、材料科学：2、材料科学：2
中国科学技术大学	4	化学：3、材料科学：1、地球科学：1
东南大学	3	机械工程：3、数学：1、计算机科学：1
华南理工大学	3	材料科学：3
南京工业大学	3	化学：1、机械工程：1、材料科学：1
上海交通大学	3	机械工程：1、物理：1、植物学与动物学：1
苏州大学	3	化学：2、材料科学：2
北京工业大学	2	物理：1、化学：1
北京航空航天大学	2	机械工程：1、材料科学：1
北京师范大学	2	数学：1、神经科学与行为学：1
大连理工大学	2	化学：2
哈尔滨工程大学	2	机械工程：2
湖南大学	2	机械工程：1、化学：2
华东理工大学	2	化学：1、计算机科学：1
华中农业大学	2	农业科学：1、植物学与动物学：1
吉林大学	2	化学：1、物理：1
辽宁工业大学	2	机械工程：2
南京航空航天大学	2	材料科学：2
南开大学	2	化学：1、材料科学：2
武汉理工大学	2	化学：1、机械工程：1、材料科学：1、物理：1
中国地质大学（武汉）	2	机械工程：1、地球科学：1
中南大学	2	计算机科学：2

续表

机构名称	人数/人	专业分布人次
安徽工业大学	1	材料科学：1
北京化工大学	1	机械工程：1
北京交通大学	1	计算机科学：1
重庆大学	1	机械工程：1
东北大学	1	机械工程：1
东北师范大学	1	化学：1
东北石油大学	1	机械工程：1
东华大学	1	机械工程：1
福州大学	1	化学：1
贵州大学	1	数学：1、神经科学与行为学：1
杭州电子科技大学	1	数学：1
合肥工业大学	1	计算机科学：1
华东师范大学	1	化学：1
华侨大学	1	药理学与毒理学：1
华中科技大学	1	计算机科学：1
兰州大学	1	数学：1
南方科技大学	1	化学：1
南京大学	1	机械工程：1
南京工业大学	1	植物学与动物学：1
南京理工大学	1	机械工程：1
南京信息工程大学	1	机械工程：1
四川大学	1	计算机科学：1、机械工程：1
武汉大学	1	化学：1
西安交通大学	1	地球科学：1
西北工业大学	1	化学：1、材料科学：1
中国农业大学	1	农业科学：1
中国医科大学	1	数学：1

　　从表 7-1 中可以看出，这 147 名高被引科学家分散在中国 56 所大学中，而在这些大学中，"985 工程" 大学有 29 所，约占总数的 51.79%；

"211 工程"大学有 45 所，约占总数的 80.36%；"双一流"建设高校有 47 所，其中一流大学建设高校有 29 所、一流学科建设高校有 18 所，共约占总数的 83.93%。从集聚人数来看，集聚在"双一流"建设高校的高被引科学家约占总数的 91.84%；集聚在"985 工程"大学的高被引科学家约占总数的 70.75%；集聚在"211 工程"大学的高被引科学家约占总数的 87.76%（见图 7-6）。在这些中国高校中，无论"211 工程"大学、"985 工程"大学，还是自 2017 年起开始推进的"双一流"建设高校，都是中国重点建设的大学，也是中国最顶尖的大学代表。由此可见，重点大学仍旧是高被引科学家主要的集聚地。

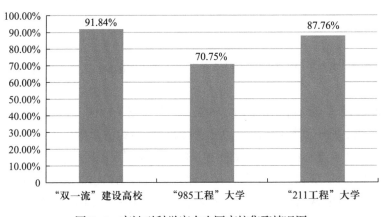

图 7-6　高被引科学家在中国高校集聚情况图

三、集聚于中国的高被引科学家中的大部分入选中国各级各类人才引进项目

在 2017 年集聚在中国的高被引科学家中，有超过 90% 入选了国内各级各类人才引进项目，其中，入选国家级人才引进项目的有近 100 人，入选省市级人才引进项目的有 32 人，入选校级人才引进项目的有 24 人。从国家级人才引进项目来看，入选各类人才引进项目的高被引科学家有 148 人次，其中约 42% 的高被引科学家曾获得国家杰出青年基金，约 27% 曾入选"长江学者奖励计划"，约 24% 曾入选"千人计划"（包含"青年千人计划"），具体见图 7-7。各级各类人才引进项目对高被引科学家集聚于中国的促进作用由此可见。

四、集聚于中国的高被引科学家机构迁移频次较高

在集聚于中国的高被引科学家样本中，学士到博士阶段发生机构迁移

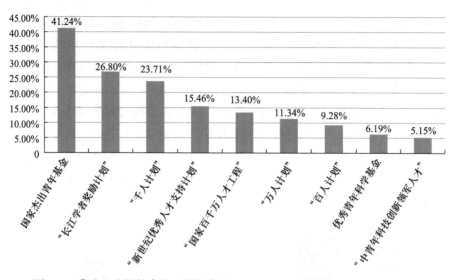

图 7-7　集聚于中国的高被引科学家获得/入选中国国家级人才引进项目情况

的高被引科学家约占总数的 72.66%，发生国家（地区）迁移的约占总数的 28.13%；博士到初职阶段，发生机构迁移的约占总数的 68.99%，发生国家（地区）迁移的约占总数的 39.53%；初职到现职阶段，发生机构迁移的约占总数的 72.31%，发生国家（地区）迁移的约占总数的 47.69%（见图 7-8）。与全球高被引科学家机构迁移情况相比（见图 5-1），集聚在中国的高被引科学家在职业发展的各个阶段，机构迁移频次都略低于全球高被引科学家机构迁移频次。然而，国家（地区）迁移的情况则相反，集聚

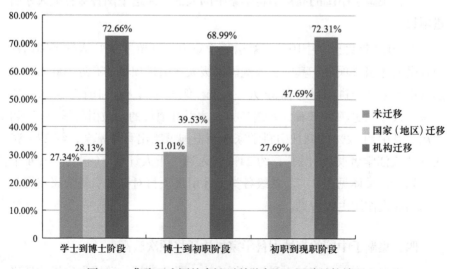

图 7-8　集聚于中国的高被引科学家职业迁移总体情况

在中国的高被引科学家在职业迁移的各个阶段，国家（地区）迁移的频次明显高于全球高被引科学家国家（地区）迁移频次（见图 5-2）。而造成这一反差的原因，有可能是一方面在中国的高被引科学家在职业的各个阶段都比较注重职业的稳定性，另一方面在中国的高被引科学家普遍将在国外的职业经历作为自身职业发展的一个重要途径。

第二节　高被引科学家集聚于中国的特征与原因分析

一、学士到博士阶段高被引科学家集聚于中国的特征分析

该时期集聚在中国的高被引科学家中，简历中有明确学士学位获得院校信息记录的有 129 人，有明确的博士学位获得院校信息记录的有 136 人，其中两个信息都有的有 128 人。对 128 人的简历信息进行分析发现，学士到博士阶段，高被引科学家在同一所学校完成学士到博士阶段教育的有 35 人，约占总数的 27.34%；不在同一所学校完成学士到博士阶段教育的有 93 人，约占总数的 72.66%；在不同国家（地区）的学校完成学士到博士阶段教育的有 36 人，约占总数的 28.13%（见图 7-9）。

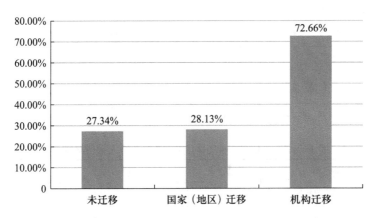

图 7-9　集聚于中国的高被引科学家学士到博士阶段的迁移情况

从受教育机构来看，该时期集聚在中国的高被引科学家中，有 124 人在中国的高校获得学士学位，约占总数的 96.12%，仅 5 人在其他国家（地区）获得学士学位，约占总数的 3.88%；97 人在中国的高校获得博士学位，约占总数的 71.32%，39 人在其他国家（地区）获得博士学位，约占总数的 28.68%（见图 7-10）。由此可见，该时期集聚在中国的高被引科学家绝大多数是中国自己培养的。

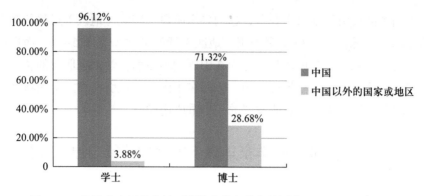

图 7-10　集聚在中国的高被引科学家获得学位的国家（地区）分布情况

从具体机构来看，培养集聚在中国的高被引科学家人数排名前十名的机构详见表 7-2 和表 7-3。

表 7-2　授予集聚在中国的高被引科学家学士学位人数排名前十名的机构

机构名称	人数/人	机构名称	人数/人
北京大学	8	安徽师范大学	3
南京大学	6	大连理工大学	3
吉林大学	5	兰州大学	3
清华大学	5	南开大学	3
浙江大学	5	山东大学	3
中国科学技术大学	5	上海交通大学	3
复旦大学	4	中山大学	3

表 7-3　授予集聚在中国的高被引科学家博士学位人数排名前十名的机构

机构名称	人数/人	机构名称	人数/人
中国科学院大学	13	吉林大学	5
浙江大学	8	东南大学	4
北京大学	7	北京师范大学	3
中国科学技术大学	6	南京大学	3
哈尔滨工业大学	5	四川大学	3

从在中国以外的国家或地区获得学位的情况来看，集聚在中国的高被引科学家中有 5 人在中国以外的国家或地区获得学士学位。有 39 人在中国以外的国家或地区获得博士学位，首先，在美国获得博士学位的人数最

多，有 14 人，约占总人数的 35.90%；其次是在日本和英国。可见，美国仍旧是集聚于中国的高被引科学家在中国以外的国家（地区）攻读博士学位的主要选择地。

二、博士到初职阶段高被引科学家集聚于中国的特征分析

该时期集聚于中国的高被引科学家中，可收集到博士毕业后初职单位信息的有 130 人，其中同时有博士学位获得院校信息与初职单位信息的有 129 人。在 129 人中，博士到初职阶段，高被引科学家博士毕业后留校任教的有 40 人，约占总数的 31.01%。博士毕业后去其他机构任职的有 89 人，约占总数的 68.99%；其中去其他国家（地区）的机构任职的有 51 人，约占总数的 39.53%（见图 7-11）。高被引科学家在博士毕业后直接留校的比例约为 1/3，这与全球高被引科学家该阶段情况相比，留校的比例高出近 10 个百分点。

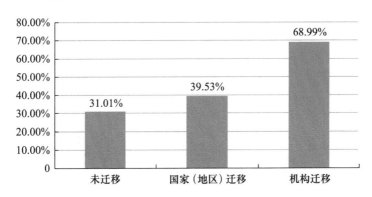

图 7-11 集聚于中国的高被引科学家博士到初职阶段的迁移情况

从初职机构来看，在有初职信息的高被引科学家中，116 人的初职单位是各类高等院校，说明有近 90% 的高被引科学家在博士毕业后选择留在大学继续从事研究工作。这些高等院校中有约 56.90% 是中国的大学，约 19.83% 是美国的大学。可见，除了本土的大学，美国的大学仍旧是这些高被引科学家的首选。

从具体机构来看，在初职阶段高被引科学家集聚的人数排名前十名的 18 所大学，都是世界排名前列的一流大学。而高被引科学家集聚所在的中国大学全部都是"双一流"建设高校，也是中国最好大学的代表。

从进入初职的工作职务来看，有 36 名高被引科学家博士毕业后立刻进入初职单位从事博士后研究，约占总数的 27.69%。在这 36 名初职从事博士后研究的高被引科学家中，仅有 7 人在中国从事博士后研究工作，

约占 36 人的 19.44%。其余的超过 80% 的人是在中国以外的国家（地区）从事博士后研究工作，其中有 13 人在美国从事该工作，占总数的 36.11%。博士后经历对科技精英人才的成长具有特别的意义。到其他地方做博士后，除了其本身是一段迁移经历，还不同程度地影响科技精英人才未来的职业选择和发展方向。[①] 由此可见，集聚在中国的高被引科学家为了职业发展的需要，也在职业发展的初期出现向美国集聚的情况。

三、初职到现职阶段高被引科学家集聚于中国的特征分析

对于该时期集聚在中国的高被引科学家，本书将其成为高被引科学家时所在的单位默认为现职单位。在集聚于中国的高被引科学家样本中，同时有初职和现职信息的有 130 人。初职到现职阶段，没有发生迁移行为的有 36 人，约占总数的 27.69%，有 94 人初职与现职不在同一个单位，约占总数的 72.31%，其中有 62 人是从其他的国家（地区）迁移到中国的，约占总数的 47.69%（见图 7-12）。

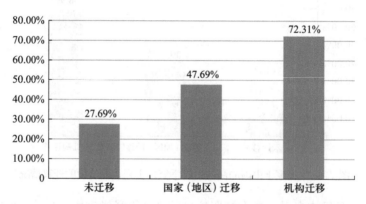

图 7-12　集聚于中国的高被引科学家初职到现职阶段的迁移情况

初职到现职阶段没有迁移行为的 36 名高被引科学家主要集聚在中国的 22 所大学，其中集聚人数超过 2 人的有 6 所大学，分别是北京大学、浙江大学、东南大学、清华大学、哈尔滨工业大学、中南大学（见表 7-4），这几所大学全部都是中国的一流大学。

初职到现职阶段，有 62 名高被引科学家是从其他国家（地区）向中国集聚的。从机构来看，这 62 名高被引科学家集聚在中国的 32 所大学

---

① 刘少雪主编：《面向创新型国家建设的科技领军人才成长研究》，北京，中国人民大学出版社，2009 年，第 189 页。

表 7-4　初职到现职阶段未迁移的高被引科学家在国内机构集聚的情况

机构名称	人数/人	机构名称	人数/人
北京大学	5	华东理工大学	1
浙江大学	5	吉林大学	1
东南大学	3	兰州大学	1
清华大学	3	南京大学	1
哈尔滨工业大学	2	上海交通大学	1
中南大学	2	苏州大学	1
安徽工业大学	1	武汉理工大学	1
北京师范大学	1	中国地质大学（武汉）	1
东北大学	1	中国科学技术大学	1
哈尔滨工程大学	1	中国农业大学	1
湖南大学	1	中山大学	1

内，其中集聚人数超过 2 人的有 14 所大学，具体名单见表 7-5。这 14 所大学都是中国"双一流"建设高校。

表 7-5　初职到现职阶段高被引科学家由其他国家（地区）
向中国机构集聚且人数超过 2 人的机构名单

机构名称	人数/人	机构名称	人数/人
清华大学	8	哈尔滨工业大学	2
北京大学	6	华南理工大学	2
浙江大学	6	华中农业大学	2
中国科学技术大学	3	南京工业大学	2
中国科学院大学	3	南开大学	2
电子科技大学	2	苏州大学	2
复旦大学	2	中山大学	2

从学缘关系上来看，集聚在中国的高被引科学家中，同时有获得学士学位院校信息和现职单位信息的共 130 人，经比较发现，这 130 人中有 28 人的现职单位与获得学士学位的院校一致，约占总人数的 21.54%；同时有获得博士学位院校信息和现职单位信息的共 139 人，其中有 43 人的

现职单位与获得博士学位的院校一致，约占总人数的 30.94%。这说明博士教育对集聚在中国的高被引科学家职业发展的影响更大。

四、高被引科学家集聚于中国的原因分析

从高被引科学家的集聚特征来看，集聚于中国的高被引科学家呈现年轻化的趋势；在职业发展的各个阶段都有迁移行为；主要集聚于中国一流大学中；中国各级各类人才引进项目对高被引科学家集聚于中国起到了一定的促进作用。

从职业发展各个阶段来看，第一，学士到博士阶段，集聚于中国的高被引科学家主要是从中国的一流大学获得博士学位的。第二，博士到初职阶段，有约 1/3 的集聚于中国的高被引科学家在这一阶段留在获得博士学位的机构，且这些机构基本上都是中国最顶尖的大学。此外，有近 40%的高被引科学家迁移到其他国家（地区）工作，其中向美国集聚的人数最多，且他们在美国主要从事博士后研究工作。第三，初职到现职阶段，集聚于中国的高被引科学家中有近 30%的人没有发生迁移行为；有近 50%的人是从其他国家（地区）回到中国的，中国的一流大学成为他们回国的主要集聚地；且有近 1/3 的高被引科学家集聚在其攻读博士学位的大学。

从高被引科学家的集聚特征可以看出，中国各级各类人才引进政策是吸引高被引科学家的主要拉力。中国人才引进政策对吸引科技精英人才，特别是年轻的科技精英人才是非常有利的。2011 年中组部、中宣部、教育部、科技部等联合组织实施青年英才开发计划，其中青年拔尖人才支持计划从 2011 年开始每年遴选 200 名左右 35 岁以下重点学科领域青年拔尖人才，给予重点支持培养；基础学科拔尖学生培养试验计划到 2020 年共选拔 12000 名左右大学生、研究生参与课题研究和国际交流培训；未来管理英才培养计划到 2020 年共选拔 2000 名左右应届高中、大学毕业生列入未来管理英才库，对他们进行跟踪培养。[①] 中国学者马双等以 2010～2019 年长三角城市群 26 个城市人才流动为案例，发现人才政策能够很好地吸引人才流入本地，城市经济发展水平和工资收入水平也能够有效促进人才的流入。对人才政策边际效应的分析结果表明，只有当区域经济发展水平和收入水平较高时，人才政策才会发挥作用。当经济发展水平和收入水平

---

① 《中国科技创新政策体系报告》研究编写组编著：《中国科技创新政策体系报告》，北京，科学出版社，2018 年，第 58 页。

较低时，出台人才政策难以产生人才吸聚效应。[1] 从高被引科学家在中国的集聚地来看，长三角城市群集聚了近 40% 的中国高被引科学家。可见，中国人才引进政策能发挥出显著的作用，与地方经济发展水平有很大的关系。此外，正如中国学者马吟雪在对江苏省高层次科技人才引进政策的评价研究中指出的，中国人才政策能够取得显著成效有三方面的原因，一是新闻媒体不断发展壮大，网络、报纸和电视加大了对政策的宣传推广力度；二是人才引进政策相关的配套措施逐渐完善；三是政府、企业、高校、科研机构的联系越来越密切，在出台高层次人才引进政策方面发挥了联动作用。[2]

从高被引科学家不同职业阶段的迁移与集聚特征来看，中国一流大学建设水平和研究生培养质量的提高，是高被引科学家在中国高校集聚的重要原因。建设世界一流大学，一直是中国各级政府、社会各界和各高校的共同夙愿。几十年前，邓小平同志就提出了要在全国建设一批重点大学的重要思想[3]；1995 年，《"211 工程"总体建设规划》发布，"211 工程"正式启动[4]；1998 年，江泽民同志在庆祝北京大学建校 100 周年大会上的讲话中指出："为了实现现代化，我国要有若干所具有世界先进水平的一流大学"[5]；1999 年，国务院批转教育部《面向 21 世纪教育振兴行动计划》[6]，"985 工程"正式启动；2015 年，国务院印发《统筹推进世界一流大学和一流学科建设总体方案》[7]；2017 年，"双一流"建设正式开启[8]；2017 年，习近平总书记在中国共产党第十九次全国代表大会的报告中强调"加快一流大学和一流学科建设，实现高等教育内涵式发展"[9]。从"211 工程"到"双一流"建设，中国各级政府及高校都在不断努力缩短与世界一流大学

---

① 马双、王怿：《人才政策对人才跨区域流动的影响——以长三角城市群为例》，《中国人口科学》2023 年第 1 期。

② 马吟雪：《江苏省高层次科技人才引进政策评价研究》，南京航空航天大学硕士学位论文，2015 年。

③ 陈希：《邓小平教育思想鼓舞我们确立世界一流目标》，http://www.moe.gov.cn/jyb_xwfb/xw_zt/moe_357/s3579/moe_90/tnull_3347.html，最后访问日期：2023 年 5 月 17 日。

④ 龚放：《"211 工程"建设：中国高等教育发展的战略决策》，《南京理工大学学报（社会科学版）》1998 年第 1 期。

⑤ 《江泽民文选》第 2 卷，北京，人民出版社，2006 年，第 123 页。

⑥ 《十五大以来重要文献选编》上，北京，人民出版社，2000 年，第 721 页。

⑦ 《国务院印发〈统筹推进世界一流大学和一流学科建设总体方案〉》，https://www.gov.cn/xinwen/2015-11/05/content_5005001.htm，最后访问日期：2023 年 5 月 17 日。

⑧ 《"双一流"建设正式开启》，https://www.gov.cn/xinwen/2017-09/22/content_5226735.htm，最后访问日期：2023 年 5 月 17 日。

⑨ 《习近平谈治国理政》第 3 卷，北京，外文出版社，2020 年，第 36 页。

的差距，学术界对何为世界一流大学、如何建设世界一流大学的讨论也从未停止。譬如上海交通大学世界一流大学研究中心作为教育部主管的高等学校软科学研究基地，长期致力于世界一流大学、大学评价与排名等方向的理论研究与实际应用。该中心于 2005 年发起并主办了"世界一流大学国际研讨会"（International Conference on World-Class Universities），到 2017 年已连续举办了 7 届。每届会议都围绕非常有现实性的议题进行讨论，该会议已经成为全球世界一流大学研究每两年一届的学术盛会。2016 年，该中心还举办了"双一流"建设专题研讨会，来自世界各地的高教领域专家围绕"'双一流'建设的理想与现实"进行了深入探讨。[①] 正是在这样一个政策背景下，中国的大学，特别是一些名牌大学不断践行着建设世界一流大学的目标。以清华大学为例，1993 年，清华大学明确提出"到 2011 年，即建校 100 周年，争取把清华大学建设成为世界一流的、具有中国特色的社会主义大学"的奋斗目标；2006 年，《清华大学事业发展"十一五"规划纲要》又明确了建设世界一流大学"三个九年，分三步走"的总体战略。[②] 在这一战略思想的指导下，清华大学在学生国际化、教师国际化、教学与课程国际化、国际合作研究及合作办学等方面进行了深入的改革探索。在 2018 年软科世界大学学术排名中，清华大学位列全球第 45 名，北京大学、浙江大学与清华大学一起成为进入全球百强的中国大学。而这三所大学正好也是高被引科学家集聚人数排名前三名的中国高校。中国一流大学的建设为高被引科学家的集聚提供了保障。

此外，博士生培养质量是一流大学建设的重要指标。随着中国一流大学建设步伐的加快，中国大学的博士生培养质量也受到重视。中国大学博士生培养质量的提高，使得博士生的科研能力不断提升。2016 年清华大学教育研究课题组在相关院校开展了中国博士生科研体验式调查。[③] 调查结果显示，中国博士生在能力发展和导师指导两个维度的满意度较高；中国博士生取得高水平成果总体可观，在被调查的博士生中，约一半的博士生取得了 1～4 项高水平学术成果，获得 5 项及以上高水平学术成果的博士生约占 20%。该时期集聚于中国的高被引科学家中的一人就是在读博士

---

① 《2016 年"双一流"建设专题研究会在上海交大召开》，https://gk.sjtu.edu.cn/Phone/View/1813，最后访问日期：2023 年 5 月 17 日。

② 袁本涛、潘一林：《高等教育国际化与世界一流大学建设：清华大学的案例》，《高等教育研究》2009 年第 9 期。

③ 袁本涛、李莞荷：《博士生培养与世界一流学科建设——基于博士生科研体验调查的实证分析》，《江苏高教》2017 年第 2 期。

期间发表了高被引的论文。博士生与导师及高校建立的良好关系，也成为高校吸引科技精英人才的优势，在现职阶段，有 1/3 的高被引科学家是在其获得博士学位的学校工作的。可见，中国大学博士生培养质量的提高也成为高被引科学家集聚于中国的重要助力。

第三节　个案国家（地区）经验对中国引进科技精英人才的启示

虽然当前集聚在中国内地（大陆）的高被引科学家在数量上有所增长，但与其他在这方面做得好的国家（地区）相比中国内地（大陆）还存在一定差距，能否和其他国家（地区）一样留住人才或者保证科技精英人才队伍的持续稳定还有待研究。结合全球科技精英人才迁移与集聚的特征、优势国家（地区）吸引科技精英人才的经验，针对中国内地（大陆）吸引和引进科技精英人才的问题，本书提出如下建议。

第一，要吸引科技精英人才，需要政府的大力投入。

从全球高被引科学家国家（地区）迁移与集聚的情况来看，尽管学士到博士、博士到初职阶段，高被引科学家在国家（地区）迁移过程中向美国集聚，但在初职到现职阶段，他们从美国逆向集聚到其他国家（地区）。通过案例分析也可以发现，中国香港、中国台湾、沙特阿拉伯能够在科技精英人才从美国逆向集聚的过程中成为科技精英人才的集聚地，政府的经济投入和政策扶持是首要的保障。

2010 年《全球创新城市指数》对全球 331 个城市进行了创新能力的分析。中国有 5 个城市入榜，其中香港位居第 15 名、上海位居第 24 名、北京位居第 53 名、深圳位居第 93 名、台北位居第 100 名。[①]《全球城市竞争力报告（2011—2012）》对全球 500 个城市的综合竞争力和产业竞争力进行了分析，其中关于城市综合竞争力排名，香港位居第 9 名、台北位居第 32 名、上海位居第 36 名、北京位居第 55 名、深圳位居第 67 名、澳门位居第 79 名；关于城市产业竞争力排名，上海位居第 6 名、北京位居第 7 名、香港位居第 10 名、台北位居第 16 名、深圳位居第 84 名、天津位居第 87 名。[②] 可见，中国内地（大陆）的某些城市，其发展程度与中国香港、

---

① 屠启宇主编：《国际城市发展报告（2013）》，北京，社会科学文献出版社，2013 年，第 5 页。

② 倪鹏飞、〔美〕彼得·卡尔·克拉索主编：《全球城市竞争力报告（2011~2012）——城市：金融海啸中谁主沉浮》，北京，社会科学文献出版社，2012 年，第 13~24 页。

中国台北是不相上下的。从科技精英人才迁移与集聚的趋势来看，这些城市有希望在科技精英人才从美国逆向集聚过程中成为新的人才集聚地。

沙特阿拉伯是科技欠发达的国家，近些年来，由于政府的支持和投入，沙特阿拉伯快速地成为科技精英人才的集聚地。

因此，要想增加中国内地（大陆）对科技精英人才的吸引力，使得其成为科技精英人才从美国逆向集聚过程中的受益地，就需要加大对重点地区的经济投入和政策扶持力度，增强其国际竞争力和对人才的凝聚力。

第二，要吸引科技精英人才，就要继续推进世界一流大学建设。

从机构迁移与集聚的情况来看，全球高被引科学家主要是向 2012 年 ARWU 1 ～ 100 名的世界一流大学集聚。尽管在博士到初职阶段高被引科学家从 2012 年 ARWU 1 ～ 100 名的世界一流大学向其他机构集聚，但在初职到现职阶段，他们仍旧重新向 2012 年 ARWU 1 ～ 100 名的世界一流大学集聚。在国家（地区）迁移与集聚的分析中，初职到现职阶段，高被引科学家从美国向其他创新型国家（地区）集聚，也主要是向着其他创新型国家（地区）2012 年 ARWU 1 ～ 100 名的世界一流大学集聚。案例分析的结果也显示，集聚于中国香港和中国台湾的高被引科学家主要分布在这两个地区的世界一流大学内，而沙特阿拉伯也是通过建设本国的世界一流大学出现了高被引科学家集聚的现象。中国香港、中国台湾和沙特阿拉伯的经验显示，无论发达地区和国家还是欠发达地区和国家，都需要通过世界一流大学的建设来吸引科技精英人才。

就中国内地（大陆）的情况来看，在今后一段时间内，吸引全球科技精英人才仍旧是提升大学科研和教学水平的主要途径。正如詹姆斯·杜德斯达提到的，在整个高等教育中，多数精英大学，都是通过从其他机构挖人来建设自己的大学，而不是通过自身水平的提高来谋求发展的。"通过从更广阔的人才市场找到最优秀的教师人才而不是从内部培养人才，可以创造竞争力来提高整个高等教育质量。"① 随着"双一流"建设的逐步推进与实施，中国内地（大陆）一流大学的综合实力显著提升，在高精尖指标的对比分析中已经表现出具有冲击世界一流大学的实力和冲击世界顶尖大学的潜力。因此，只有进一步推进世界一流大学建设步伐，才能增加中国内地（大陆）及大学的吸引力，成为顶尖师生的向往之地。

第三，要吸引科技精英人才，就要确定合理的人才目标。

---

① 〔美〕詹姆斯·杜德斯达：《21 世纪的大学》，李彤、屈书杰、刘向荣译，北京，北京大学出版社，2005 年，第 124 页。

　　无论中国香港、中国台湾，还是沙特阿拉伯，它们能成为科技精英人才的集聚地，与它们在科技精英人才引进过程中合理的目标定位有关。以中国台湾为例，自 20 世纪开始，其就明确提出延揽人才计划，不仅设立专门的机构负责，还制定和完善各项相关规定，为吸引科技人才铺平道路。[①] 此外，中国台湾各种社会力量积极参与到延揽人才的计划中来。可见，将目标投向全球有更多认同感的科技精英人才，是中国香港、中国台湾和沙特阿拉伯成功集聚人才的一个重要因素。

　　迄今为止，在全球科技精英人才中，中国的海外华人华侨占有很大的比例，故对于中国内地（大陆）而言，引进海外华人华侨无论在理论层面，还是在技术操作层面都是可行的。20 世纪 80 年代以来，中国内地（大陆）也相继出台了一些政策法规，加强了对海外华人华侨人才的吸引。

　　沙特阿拉伯的经验显示，发达国家即将退休或已经退休但仍活跃在科研前线的科技精英人才，应成为中国内地（大陆）人才引进的目标。这些科技精英人才因为年龄的影响，可能在有些方面要逊于年轻人，但是他们不仅具备较高的胜任岗位需求的专业技术水平和丰富的工作经验，还在社会交往过程中积累了大量的资源。[②] 因此，这些人才仍旧是非常重要的人才资源。

　　总之，在人才引进方面，中国内地（大陆）想要快速地吸引科技精英人才，正确的目标定位是关键。通过建立明确的目标，建设相关的配套设施，事半功倍的效果定能呈现。

---

① 刘权、董英华:《祖国大陆与台湾吸引海外华人人才措施之比较》,《华侨华人历史研究》2003 年第 1 期。

② 童春林、姚翔:《聘用退休专业技术人才需要注意的几个问题》,《中国人才》2011 年第 9 期。

结　　语

本书以高被引科学家数据库中记录的高被引科学家为研究样本，通过简历分析法和问卷调查法，从国家（地区）和机构两个角度，对高被引科学家国家（地区）迁移过程中向美国集聚的特征与原因、机构迁移过程中向名校集聚的特征与原因进行了分析。在此基础上，通过个案分析，本书深入探讨了科技精英人才集聚的原因，并得出以下两个结论。

第一，科技精英人才在其职业发展过程中会从美国逆向集聚于其他创新型国家（地区）。

对高被引科学家国家（地区）迁移与集聚的数据分析结果显示，高被引科学家向美国集聚的情况主要发生在其学士到博士阶段的国家（地区）迁移过程中，随后向美国集聚的人数或者规模逐渐减少，最后在初职到现职阶段，高被引科学家向美国集聚的现象发生逆转。根据国家（地区）分组，在学士到博士阶段的国家（地区）迁移过程中，美国成为唯一出现高被引科学家集聚现象的国家，高被引科学家在美国的迁入比例与迁出比例之差高达 63.56%，其他的国家（地区）高被引科学家无一例外地向美国集聚；在博士到初职阶段的国家（地区）迁移过程中，美国仍旧是唯一形成了高被引科学家集聚的国家，但高被引科学家在美国的迁入比例与迁出比例之差减少到 22.90%；随后在初职到现职阶段的国家（地区）迁移过程中，高被引科学家从美国逆向集聚，其在美国的迁入比例与迁出比例之差为负值，且主要是从美国向其他创新型国家（地区）集聚。

高被引科学家从美国逆向集聚的原因，与其他创新型国家（地区）为科技精英人才的职业发展提供较好的工作环境或其他有利条件有关。这一点在其他七国集团国家也有体现。在上述的数据分析中，在初职到现职阶段国家（地区）迁移过程中，高被引科学家从英国向美国集聚，又从美国向日本集聚。日本和英国在人才引进和科研投入等方面有明显差异，日本政府的研发投入从 1980 年的 64 亿美元增加到了 1996 年的 282 亿美元，增长速度远远超过全球其他国家，投入的研发经费总量也已经超过了德国、法国和英国，仅次于美国[①]；此外，日本政府通过完善社会保障体系，构建具有吸引力的接收体制，努力使外国学者在日本定居，为其提供良好的研发环境和生活环境[②]，从而引发人才的回流。而英国由于削弱科技和高等教育投入，导致大学教师和科技人员工资待遇下降，事业发展机会减少，以致人才外流屡禁不止并愈演愈烈。[③] 显然，其他创新型国家（地区）为科技精英人才职业发展和能力提升给予的支撑，是影响科技精英人才从美国逆向集聚的主要因素。

第二，科技精英人才向名校集聚，实质是向世界一流大学集聚。

高被引科学家机构迁移与集聚研究的数据分析结果显示，高被引科学家向名校集聚，主要是向 2012 年 ARWU 1～100 名的世界一流大学集聚。在学士到博士阶段的机构迁移过程中，2012 年 ARWU 1～100 名的大学是唯一形成高被引科学家集聚的一类机构，高被引科学家在这类机构迁入比例和迁出比例之差为 37.71%。虽然在博士到初职阶段的机构迁移过程中，2012 年 ARWU 1～100 名的大学是流失高被引科学家最多的机构，高被引科学家迁入与迁出比例之差为负值，但在初职到现职阶段的机构迁移过程中，2012 年 ARWU 1～100 名的大学又重新成为高被引科学家集聚人数最多的一类大学，高被引科学家迁入与迁出比例之差为 12.53%。高被引科学家国家（地区）迁移与集聚的数据结果也显示，在学士到博士阶段的国家（地区）迁移过程中，63.56% 的高被引科学家向美国集聚，其中 91.18% 集聚于 2012 年 ARWU 1～100 名的美国大学；初职到现职阶段，高被引科学家向其他创新型国家（地区）集聚，其中 58.18% 是集聚于其他创新型国家（地区）的 2012 年 ARWU 1～100 名的大学。

从科技精英人才向名校集聚的原因分析来看，名校为科技精英人才发展提供更有利的条件，有助于科技精英人才实现收益最大化并完成优势累积。就高被引科学家机构迁移与集聚的数据分析结果来看，2012 年 ARWU 1～100 名的大学就是能为高被引科学家职业发展提供有利条件的机构，也是对其迁移与集聚有明显拉力作用的名校。

本书采用简历分析法和问卷调查法，对高被引科学家学士到博士、博士到初职、初职到现职三个阶段的国家（地区）和机构迁移与集聚情况进行了统计分析，并从经济学和社会学的角度，运用人力资本理论和优势累

① 许艳华：《战后日本科技政策的三次转向及对中国的启示》，《山东经济》2011 年第 6 期。
② 高峰、唐裕华、张志强等：《21 世纪初主要发达国家科技人才政策新动向》，《世界科技研究与发展》2011 年第 1 期。
③ 陈昌贵：《人才外流与回归》，武汉，湖北教育出版社，1996 年，第 47 页。

积理论对影响科技精英人才职业迁移与集聚的推拉力因素进行了分析。本书主要考虑的是国家（地区）之间经济差距和机构之间研究水平的差距对科技精英人才职业迁移与集聚的影响，通过个案分析，本书用案例的形式进一步展现经济差距与机构研究水平的差距对科技精英人才集聚的影响。但实际上，经济和社会这两方面牵涉许多内容，包括不同行业间的收入差距、社会文化差异、科技发展对人心理距离的影响等，因此对推拉作用力的分析有待进一步细化。此外，本书对职业生涯阶段的划分比较简单，事实上，中国在 20 世纪 90 年代以前曾实施过高等学校毕业生工作分配制度。因此一些科技精英人才有可能在获得学士学位后被分配工作，他们真正的初职机构并不是获得博士学位后的任职机构，博士学习是他们进一步改变职业轨迹的一个途径。另外，很多科技精英人才在博士毕业后的初职到现职阶段也发生数次迁移又回到原单位的行为。而且本书样本所选的高被引科学家大部分都是正活跃在科研前线的科学家，他们的职业可能还会发生变迁，本书由于数据库及个人能力的限制，没有对他们的迁移和集聚进行及时的追踪。

此外，由于时间的关系，本书还有许多问题未能详尽分析，有待进行进一步的细致研究。本书作者期冀在未来的研究中，能对科技精英人才职业发展的阶段进行更详细的分解，对调查问卷的设计进行仔细斟酌、调整和修改，对影响职业迁移的动因做更详细的调查，并实现对理论进一步的升华。

附录: 调 查 问 卷

A Questionnaire about Migration of Elite Scientists

Dear Professor:

I am a PhD candidate at the Center for World-Class Universities, School of Education, Shanghai Jiao Tong University. I am conducting a study on the relationship between the migration of elite scientists and the building of university capacity. For this study, migration of elite scientists is defined as changing jobs from one institution to another. Data compiled from this survey will help shed light on the migratory patterns of elite scientists, their experiences, and their motivations. This study will enable the further discussion and the correlation of career growth of elite scientists and the development of world-class universities.

This survey should take you no more than 10 minutes to complete. All responses to this survey are confidential and will only be used in this research. We would be happy to send you a summary of the final survey result upon your request.

I welcome your participation. Your input and responses will enhance our current understanding and will help shape the future study of this important phenomenon. Should you have any questions or concerns regarding this survey, please feel free to contact me. Thank you very much for your kind support and time!

Deng Qiaoqiao

Center for World-Class Universities

School of Education

Shanghai Jiao Tong University

Email: ariesqiao@sjtu.edu.cn

1. Your subject is:

A. Arts and Humanities (Arts; English Language and Literature; Foreign Languages and Literatures; History; Philosophy; Arts and Humanities; Other)

B. Biological and Agricultural Sciences (Agriculture, Natural Resource, and Conservation; Biological and Biomedical sciences)

C. Business (Accounting; Banking and Finance; Business Administration and Management; Business; Other)

D. Education (Education Administration; Curriculum and Instruction; Early Childhood Education; Elementary Education; Educational Assessment, Evaluation, and Research; Higher Education; Secondary Education; Special Education; Student Counseling and Personnel Service; Education; Other)

E. Engineering (Chemical Engineering; Civil Engineering; Computer, Electrical and Electronics Engineering; Industrial Engineering; Materials Engineering; Mechanical Engineering; Engineering; Other)

F. Health and Medical Sciences

G. Mathematics and Computer Sciences (Mathematical Sciences; Computer and Information Sciences)

H. Physical and Earth Sciences (Chemistry; Earth, Atmospheric, and Marine Sciences; Physics and Astronomy; Natural Sciences; Other)

I. Public Administration and Services (Public Administration; Social Work)

J. Social and Behavioral Sciences (Anthropology and Archaeology; Economics; Political Science; Psychology; Sociology; Social Sciences; Other)

K. Other fields

2. Gender:

A. Male

B. Female

3. Year of birth:

4. Country of birth:

5. Nationality:

6. Your current academic title is:

A. Full professor or equivalent to full professor in U.S.A.

B. Associate professor or equivalent to associate professor in U.S.A.

C. Assistant professor or equivalent to assistant professor in U.S.A.

D. Others（please specify）

7. What is the best way to describe your current institution? It is a：

A. Enterprise

B. College or university

C. Independent research institute

D. Others（please specify）

8. Your highest degree level is：

A. Doctorate

B. Master

C. Bachelor

D. Others（please specify）

9. In which year did you achieve your highest degree：

10. Please list the name of the institution where you achieved your highest degree：

11. Please list the name of your first employer after achieving the highest degree：

12. The following table lists factors that might have affected your first employment choice. Please rate the following factors：

Factor	Extremely important	Moderately important	Important	Unimportant	Not important at all
Salary and income					
Individual professional knowledge and skills development					
Prestige of institution					
Work and research environment					
Family factor					
Career development and promotion					
Others（please specify）					

13. Since receiving your highest degree, have you changed jobs?

A. Yes

B. No（please go to Q21）

14. The following table lists statements that might explain the reasons for your quitting your first job. To what extent do you agree with these statements?

Factor	Strongly agree	Agree	Not sure	Disagree	Strongly disagree
I completed my contract					
I was not happy with the salary					
I had limited individual professional knowledge and skills development					
I wanted to work for a more prestigious institution					
I wanted a better work and research environment					
I have family commitment					
I was not happy with my career development and promotion					
Others（please specify）					

15. The following table lists possible factors that might have affected your choice on your second employment. Please rate the following factors:

Factor	Extremely important	Moderately important	Important	Unimportant	Not important at all
Better salary and income					
Better individual professional knowledge and skills development					
Higher prestige of institution					
Better work and research environment					
Family factor					
Better career development and promotion					
Others（please specify）					

16. Please list the name of your second employer:

17. What academic title did you hold when you left your first employment?

A. Professor or equivalent to professor in U.S.A.（please go to Q20）

B. Associate professor or equivalent to associate professor in U.S.A.

C. Assistant professor or equivalent to assistant professor in U.S.A.

D. Others（please specify）

18. How many times did you migrate before your promotion to full professor or equivalent to full professor in U.S.A.：

（备注，下拉式菜单）

19. How would you describe professional migration according to your experience? Please rate to what extent that you agree with the following statement.

Factor	Strongly agree	Agree	Not sure	Disagree	Strongly disagree
Increase my salary					
Improve my professional knowledge and skills					
Work at the institution with better prestige					
Work in a better work and research environment					
Complete my family commitment					
Build more closed communication and network with peer researchers					
Get promoted to a higher career rank					
Others（please specify）					

20. How many full-time institutions have you worked for so far?

（备注，下拉式菜单）

21. The following statements might explain the reasons why you have not changed jobs. To what extent do you agree with the following statements?

Factor	Strongly agree	Agree	Not sure	Disagree	Strongly disagree
I have tenure track					
I am satisfied with my salary					
I am satisfied with individual professional knowledge and skills development					

续表

Factor	Strongly agree	Agree	Not sure	Disagree	Strongly disagree
I am satisfied with the prestige of my institution					
I enjoy the work and research environment at this institution					
I have family commitment					
I am satisfied with career development and promotion					
Others（please specify）					

22. In general, if you plan to change jobs, to what extent will the following factors affect your decision-making? Please rate the following factors.

Factor	Extremely important	Moderately important	Important	Unimportant	Not important at all
Terms of appointment and contract					
Salary and income					
Individual professional knowledge and skills development					
Prestige of institution					
Work and research environment					
Family factor					
Career development and promotion					
Others（please specify）					

23. If you have any additional comments, please add them here.

Thank you very much for your time and assistance!

参 考 文 献

［1］ 白春礼主编：《杰出科技人才的成长历程：中国科学院科技人才成长规律研究》，北京，科学出版社，2007年。

［2］ 毕润成主编：《科学研究方法与论文写作》，北京，科学出版社，2008年。

［3］ 〔美〕布莱洛克：《社会统计学》，沈崇麟、李春华、赵平等译，重庆，重庆大学出版社，2010年。

［4］ 曹聪：《中国的"人才流失""人才回归"和"人才循环"》，《科学文化评论》2009年第1期。

［5］ 陈昌贵：《人才外流与回归》，武汉，湖北教育出版社，1996年。

［6］ 陈劲、张学文：《创新型国家建设——理论读本与实践发展》，北京，科技出版社，2010年。

［7］ 陈京辉、赵志升：《人才环境论》，上海，上海交通大学出版社，2010年。

［8］ 陈力主编：《我国人才流动宏观调控机制研究》，北京，中国人事出版社，2011年。

［9］ 陈运超：《浅论大学的竞争力》，《江苏高教》2000年第6期。

［10］ 杜珂：《香港高校人事管理特色及启示——以香港城市大学为例》，《世界教育信息》2011年第7期。

［11］ 范笑仙：《高校高层次人才的组织忠诚探析》，《中国高教研究》2005年第12期。

［12］ 〔美〕菲利普·G.阿特巴赫主编：《变革中的学术职业：比较的视角》，别敦荣主译，青岛，中国海洋大学出版社，2006年。

［13］ 〔美〕菲利普·G.阿特巴赫、贾米尔·萨尔米主编：《世界一流大学：发展中国家和转型国家的大学案例研究》，王庆辉、王琪、周小颖译校，上海，上海交通大学出版社，2011年。

［14］ 龚波、周鸿：《大学教师流动的微观机制分析：一种组织社会学的视

角》,《教育学报》2007 年第 1 期。

[15] 顾家山主编:《诺贝尔科学奖与科学精神》,合肥,中国科学技术大学出版社,2009 年。

[16] 郭全胜主编:《人才流动理论、政策与实践》,北京,中国劳动出版社,1990 年。

[17] 郭书剑、王建华:《"双一流"建设背景下我国大学高层次人才引进政策分析》,《现代大学教育》2017 年第 4 期。

[18] 〔美〕哈里特·朱克曼:《科学界的精英——美国的诺贝尔奖金获得者》,周叶谦、冯世则译,北京,商务印书馆,1979 年。

[19] 江珊、刘少雪:《我国高校高层次人才聘任的运行机制研究》,《中国高教研究》2017 年第 7 期。

[20] 靳希斌:《人力资本学说与教育经济学新进展》,北京,教育科学出版社,2010 年。

[21] 〔美〕克拉克·克尔:《高等教育不能回避历史——21 世纪的问题》,王承绪译,杭州,浙江教育出版社,2001 年。

[22] 雷虹、李锋亮:《国际间人才迁移的经济学》,《清华大学教育研究》2008 年第 3 期。

[23] 李宝元:《人力资本论——基于中国实践问题的理论阐释》,北京,北京师范大学出版社,2009 年。

[24] 李怡明、李丞:《从赴欧留学的狂热谈中国人才的流失》,《人力资源》2012 年第 4 期。

[25] 林聚任:《林聚任讲默顿》,北京,北京大学出版社,2010 年。

[26] 刘崇俊、王超:《科学精英社会化中的优势累积》,《科学学研究》2008 年第 4 期。

[27] 刘念才等主编:《世界一流大学:特征·排名·建设》,上海,上海交通大学出版社,2007 年。

[28] 刘少雪:《大学与大师:谁成就了谁——以诺贝尔科学奖获得者的教育与工作经历为视角》,《高等教育研究》2012 年第 2 期。

[29] 鲁兴启:《英国人才外流及其原因初探》,《世界科技研究与发展》1993 年第 3 期。

[30] 〔英〕玛丽·亨克尔、布瑞达·里特主编:《国家、高等教育与市场》,谷贤林等译,北京,教育科学出版社,2005 年。

[31] 倪鹏飞、〔美〕彼得·卡尔·克拉索主编:《全球城市竞争力报告（2011～2012）——城市:金融海啸中谁主沉浮》,北京,社会科学

文献出版社，2012 年。

［32］ 欧阳锋:《科学中的积累优势理论——默顿及其学派的探究》,《厦门大学学报（哲学社会科学版）》2009 年第 1 期。

［33］ 齐世军、王磊、刘洪对:《大力培养和造就科技领军人才》,《科学与管理》2008 年第 2 期。

［34］〔美〕乔治·J. 鲍哈斯:《劳动经济学》,夏业良译,北京,中国人民大学出版社,2010 年。

［35］ 仇光永、吴冰:《一流人才流动的动因分析》,《科技管理研究》2000 年第 5 期。

［36］ 仇国阳:《高校吸引与留住人才问题探析》,《苏州市职业大学学报》2008 年第 3 期。

［37］ 孙健、王丹:《高层次人才流失的思考》,《广东社会科学》2006 年第 3 期。

［38］ 孙玉涛、张帅:《海外青年学术人才引进政策效应分析——以"青年千人计划"项目为例》,《科学学研究》2017 年第 4 期。

［39］ 田方萌:《海外移民≠人才流失》,《文化纵横》2012 年第 1 期。

［40］ 屠启宇主编:《国际城市发展报告（2013）》,北京,社会科学文献出版社,2013 年。

［41］ 汪润珊、傅文第、孙悦:《香港科技大学高水平师资队伍建设的特点与启示》,《教育探索》2011 年第 3 期。

［42］ 王德劲:《人才外流促进人力资本积累》,《科研管理》2011 年第 11 期。

［43］ 王辉耀:《国家战略——人才改变世界》,北京,人民出版社,2010 年。

［44］ 王建华:《我国高校高层次人才非正常流动的反思》,《江苏高教》2018 年第 2 期。

［45］ 王琪、程莹、刘念才主编:《世界一流大学:共同的目标》,上海,上海交通大学出版社,2013 年。

［46］ 王琪、冯倬琳、刘念才主编:《面向创新型国家的研究型大学国际竞争力研究》,北京,中国人民大学出版社,2012 年。

［47］ 王修来、金洁、沈国琪:《基于教育因子的区域人才资源流动分析》,《经济体制改革》2008 年第 5 期。

［48］ 王振洪:《论学校管理与教师组织承诺间的关系》,《教育发展研究》2005 年第 1 期。

［49］ 文献良、文峰:《人口社会学概论:人口与社会发展互动研究的历史、理论与方法》,成都,四川教育出版社,2010 年。

［50］ 吴克明:《教育与劳动力流动》,北京,北京师范大学出版社,2009 年。

［51］ 杨志强:《战后台湾经济转型发展轨迹》,《前沿》2013 年第 1 期。

［52］ 叶小媛:《香港高等教育特色》,《教育》2007 年第 5 期。

［53］ 叶忠海:《人才地理学概论》,上海,上海科技教育出版社,2000 年。

［54］ 袁本涛、李莞荷:《博士生培养与世界一流学科建设——基于博士生科研体验调查的实证分析》,《江苏高教》2017 年第 2 期。

［55］ 袁本涛、潘一林:《高等教育国际化与世界一流大学建设:清华大学的案例》,《高等教育研究》2009 年第 9 期。

［56］ 曾文凯、吴培群:《科学家与政界精英职业发展的影响因素研究——基于学习经历、工作调动的影响因子分析》,《科技广场》2013 年第 11 期。

［57］ 张锋:《高校人才群落的形成与人才集群化成长的生态学分析》,《经济师》2007 年第 1 期。

［58］ 张利萍:《劳动力流动与教育研究》,北京,中国社会科学出版社,2012 年。

［59］ 张卫良:《大学核心竞争力理论与实践研究》,青岛,中国海洋大学出版社,2006 年。

［60］ 张文剑:《"双一流"建设视阈下高校高层次人才管理战略研究》,广州,世界图书出版公司,2017 年。

［61］ 周建中、施云燕:《我国科研人员跨国流动的影响因素与问题研究》,《科学学研究》2017 年第 2 期。

［62］ 周建中、肖小溪:《科技人才政策研究中应用 CV 方法的综述与启示》,《科学学与科学技术管理》2011 年第 2 期。

［63］ 朱家德:《建设高教强国背景中出国留学政策的悖论》,《现代大学教育》2012 年第 5 期。

［64］ 朱军文、沈悦青:《我国省级政府海外人才引进政策的现状、问题与建议》,《上海交通大学学报（哲学社会科学版）》2013 年第 1 期。

［65］ 朱力:《中外移民社会适应的差异性与共同性》,《南京社会科学》2010 年第 10 期。

［66］ 朱天宇:《对台湾"迈向顶尖大学计划"的研究》,《教育教学论坛》2012 年第 28 期。

索　引

（词条后页码为该词在正文中首次出现时的页码）

后 记

　　2021年，党的第十九届六中全会通过的《中共中央关于党的百年奋斗重大成就和历史经验的决议》指出，"党和人民事业发展需要一代代中国共产党人接续奋斗，必须抓好后继有人这个根本大计。"[①]2022年，中共中央政治局召开会议，审议《国家"十四五"期间人才发展规划》，会议强调要大力培养战略科学家，打造大批一流科技领军人才和创新团队。[②]可见，新时代国家实施人才强国战略，建设世界重要人才中心和创新高地，打造国家战略人才力量是重中之重。人才，特别是科技精英人才，仍旧是决定一个国家（地区）参与国际竞争成败的关键因素，也依然是最为稀缺的战略资源。对科技精英人才职业迁移与集聚的研究，关系人才培养和引进工作的持续改进，一直是学术界关注的热点问题之一。

　　高被引科学家，作为学科领域科研论文被引用频次较多的科学家或研究学者，是科技精英人才的杰出代表。以高被引科学家为样本进行科技精英人才的特征研究也是受学术界一致认可的。本书初稿完成于2014年，选用的是2013年高被引科学家数据库，彼时数据库研发与管理机构是汤森路透知识产权与科技事业部，该数据库收录了在全球各类高等教育机构工作的高被引科学家4601人，还收录了这些高被引科学家的个人简历信息。该数据库为本书数据的准确性提供了保障。书稿第二次修改于2018年，彼时科睿唯安公布了2017年高被引科学家名单，软科基于这份名单整理出一份2017年中国高校高被引科学家完整名单，这里的"中国"仅指中国内地（大陆）。与此同时，中国大部分高校也在学校官网上对这些高被引科学家简历信息进行了更新。因此本书增加了对这147名高被引科学家职业迁移与集聚特征进行分析的章节。目前，科

---

① 《中共中央关于党的百年奋斗重大成就和历史经验的决议》，https://www.gov.cn/zhengce/2021-11/16/content_5651269.htm?trs=1，最后访问日期：2023年5月17日。
② 《中共中央政治局召开会议 审议〈国家"十四五"期间人才发展规划〉》，https://m.gmw.cn/baijia/2022-04/30/35702252.html，最后访问日期：2023年5月17日。

睿唯安已公布了 2022 年高被引科学家名单，共 7225 人次，在全球各类高等教育机构工作的高被引科学家为 5711 人次。但数据库不再提供相关高被引科学家的简历信息。从名单来看，美国依旧是高被引科学家集聚人次最多的国家，共 2764 人次，约占总人数的 40%。中国成为高被引科学家集聚人次排名第二名的国家，共有 1169 人次，占比约为 16%。中国高被引科学家的集聚数量在十年内实现了大幅度的增长，此时回看历史，科技精英人才的职业迁移与集聚的规律是否发生了变化呢？即使没有变化，集聚于中国的高被引科学家人次已然是世界第二，历史的经验是否依然对中国的人才引进和人才培养有借鉴意义呢？相信这也是读者困惑的问题。

其实，知古方能见今，对历史数据的梳理永远都不是无意义的。随着综合国力的上升，中国对人才的吸引力的确在增强，但是从全球来看，中国依旧处于人才短缺的境地，且全球科技精英人才迁移与集聚的规律和特征仍旧与历史上出现过的有着极大的相似之处。

第一，美国及美国的高等教育机构仍旧对全球人才有着较高的吸引力。2021 年美国国家人工智能安全委员会的报告指出，"如果美国不在国内培养更多潜在人才，也不从国外招募和留住更多的现有人才，那么美国就有可能失去人工智能的全球竞争"[①]。2022 年美国拜登政府宣布了一系列的签证调整政策，包括增加 22 个新的国际学生可学习的学科领域（如数据科学、金融分析）；将 STEM（包括科学、技术、工程、数学）领域国际留学生在美国的工作期限从一年延长到三年；为 STEM 领域内有突出才能的人才发放"杰出人才签证"。种种迹象表明，美国政府正在发力延揽全球人才尤其是科技精英人才。而美国的高等教育机构在全球仍旧保持较高的吸引力。在 2022 年软科世界大学学术排名前 100 名的大学中，美国约占 40%。在排名前十名的大学中，美国占八席。中国的高等教育机构近十年发展迅速，有八所大学进入世界一流大学学术排名前 100 名。在 2022 年集聚于中国的高被引科学家中，有大约 30% 的人在中国以外的国家（地区）获得博士学位，这其中有约 40% 是在美国获得博士学位的。

根据智库马可波罗（MacroPolo）的研究，中国是全球输出人工智能人才最多的国家，而这些人中的大多数正在为美国企业和高校工作。在中

---

① 《美国人工智能国家安全委员会（NSCAI）发布最终报告阐述如何维持美国在人工智能领域的统治地位》，http://aiig.tsinghua.edu.cn/info/1294/1106.htm，最后访问日期：2023 年 5 月 17 日。

国接受本科教育的人工智能人才大约有 56% 最终留在了美国，而在美国获得博士学位的中国人工智能人才大约有 88% 留在了美国。[1] 可见，美国依旧是科技精英人才的集聚地。

第二，中国高被引科学家的集聚特征与历史的情况基本保持一致。根据科睿唯安公布的 2022 年高被引科学家名单，2022 年集聚于中国的高被引科学家在职业迁移与集聚的特征上，与 2017 年的高被引科学家有很多相似之处。例如，学士到博士阶段，2022 年集聚于中国的高被引科学家中有约 75% 在中国获得博士学位，2017 年这一比例是 71%。博士到初职阶段，2022 年集聚于中国的高被引科学家中有约 30% 属于博士毕业后留校任教，在 2017 年这一比例约是 31%。初职到现职阶段，2022 年集聚于中国的高被引科学家没有发生迁移行为的比例约是 32%；2017 年未发生迁移行为的比例约是 28%。另外，中国高被引科学家呈现年轻化现象，在 2022 年集聚于中国的高被引科学家中，有约 35% 是"60 后"，有约 28% 是"70 后"，有约 23% 是"80 后"。集聚于中国的高被引科学家主要集聚在中国的一流大学，而且他们中大部分都入选了各级各类人才引进项目等。可见，2022 年集聚于中国的高被引科学家的迁移特征仍旧具有历史性特征，包括主要由中国的重点大学或科研机构培养，所获科研资助主要来自政府，等等。

第三，中国人才短缺与流失情况依旧严峻。在当前新一轮科技革命中，前沿技术呈现多点突破态势，科技创新进行多元深度融合，颠覆性创新呈现几何级渗透扩散，对社会经济和安全等带来了重大影响和冲击。在中国，关键核心技术受制于人的问题没有得到根本解决。习近平总书记曾强调"核心技术是国之重器"[2]。核心技术说到底还是核心人才的问题。目前中国虽然人才队伍庞大，各类研发人员总量居世界首位，但是创新型人才结构失衡，尤其是缺乏战略性科技人才、科技领军人才及青年科技人才。据相关部门统计，中国理工科人才培养存在数量不足和质量堪忧的双重压力。[3] 廉思及其课题组关于青年高端人才、青年科技工作者和海外留学生等多个高学历青年群体的调查研究发现，当前中国高科技人才流失现象仍十分严峻，且回流人才存在再次流出等新的挑战。[4]

---

① 廉思：《我国高科技人才培养路径探析》，《人民论坛》2022 年第 10 期。
② 《习近平关于网络强国论述摘编》，北京，中央文献出版社，2021 年，第 110 页。
③ 吴江：《培养造就规模宏大的青年科技人才队伍》，《中国党政干部论坛》2022 年第 2 期。
④ 廉思：《我国高科技人才培养路径探析》，《人民论坛》2022 年第 10 期。

　　综上，科技精英人才的成长有其特殊性。随着时代的变迁，在具体的国家（地区）或者具体的机构，人才集聚的人数会有浮动。但这一群体的整体职业迁移与集聚的特征没有发生显著的变化，通过研究分析历史数据所得出的结论依旧对当下中国的人才引进和培养工作有较好的借鉴作用。

郑重声明

高等教育出版社依法对本书享有专有出版权。任何未经许可的复制、销售行为均违反《中华人民共和国著作权法》，其行为人将承担相应的民事责任和行政责任；构成犯罪的，将被依法追究刑事责任。为了维护市场秩序，保护读者的合法权益，避免读者误用盗版书造成不良后果，我社将配合行政执法部门和司法机关对违法犯罪的单位和个人进行严厉打击。社会各界人士如发现上述侵权行为，希望及时举报，我社将奖励举报有功人员。

反盗版举报电话　（010）58581999　58582371

反盗版举报邮箱　dd@hep.com.cn

通信地址　北京市西城区德外大街4号
　　　　　高等教育出版社知识产权与法律事务部

邮政编码　100120

读者意见反馈

为收集对学术著作的意见建议，进一步完善学术著作编写并做好服务工作，读者可将对本学术著作的意见建议通过如下渠道反馈至我社。

咨询电话　400-810-0598

反馈邮箱　gjdzfwb@pub.hep.cn

通信地址　北京市朝阳区惠新东街4号富盛大厦1座
　　　　　高等教育出版社总编辑办公室

邮政编码　100029